萌族少女

羽之少女
CG原畫

狐幻
CG原畫

命运女神
原畫

绝对现场
游戏CG原画设计
CG 艺术坊 编著
机械工业出版社
CHINA MACHINE PRESS

本书对游戏原画的绘制方法做了详细的分析和讲述，游戏原画主要运用在插画和游戏设定宣传中。逼真的人物、厚实的质感是这种绘画风格的特点。

本书分为两大部分，第一部分（第1章～第4章）是游戏原画基础知识讲解，内容包括常用画笔设置、不同材质的表现、人物造型设计、简单原画绘制流程展示等知识；第二部分（第5章～第7章）用几幅游戏原画作为示例，详细地讲述原画绘制的步骤和技法，能很直观、清楚地使读者学习到绘制游戏原画所需的大量知识。同时，本书还讲述了多种常见插画绘制软件的使用技巧，使读者朋友们能够根据自己的爱好灵活运用所学的方法。

本书适合初级、中级绘画者学习游戏原画的绘画技法，也可以作为动漫专业学生和插画教授者的参考书，值得插画爱好者阅读、学习。

图书在版编目（CIP）数据

绝对现场：游戏CG原画设计／CG艺术坊编著．—北京：机械工业出版社，2015.4
ISBN 978-7-111-49528-4

Ⅰ．①绝…　Ⅱ．①C…　Ⅲ．①三维动画软件　Ⅳ．①TP391.41

中国版本图书馆CIP数据核字（2015）第044734号

机械工业出版社（北京市百万庄大街22号　邮政编码100037）
责任编辑：丁　伦　　责任校对：丁　伦
责任印制：李　阳

北京汇林印务有限公司印刷

2015年5月第1版•第1次印刷

210mm×285mm•11.25印张•360千字

0001— 3000册

标准书号：ISBN 978-7-111-49528-4

ISBN 978-7-89405-736-5（光盘）

定价：69.90元（含1DVD）

凡购本书，如有缺页、倒页、脱页，由本社发行部调换

电话服务

服务咨询热线：（010）88379833

读者购书热线：（010）88379649

网络服务

机工官网：www.cmpbook.com

机工官博：weibo.com/cmp1952

教育服务网：www.cmpedu.com

金书网：www.golden-book.com

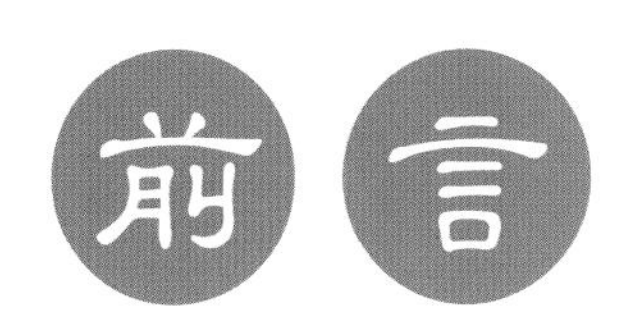

前言

游戏原画是近些年新兴的插画类型，具有人物造型华丽精致、画面效果绚烂夺目、空间感真实等特点。它属于游戏项目服务的插画类型，现在越来越多的插画师也投身到游戏原画的绘制中来了。

本书从什么是游戏原画入手讲解，系统地讲述了绘制游戏原画所需的专业知识，选用最常用的 Photoshop 软件作为绘画软件。书中实例精美，绘制过程讲解细致，使读者能学习到系统的游戏原画绘制知识。

本书内容分为两个部分，第一部分（第 1 章～第 4 章）详细地讲解了绘制游戏原画所需的基础知识，这部分首先讲解了游戏原画的职业分类、常用画笔设置和颜色搭配规律等，然后讲解了一系列游戏原画知识点、游戏原画的材质区分、游戏原画造型设计，使读者对游戏原画的基础知识有了一个全面系统的了解，最后通过简单的实例绘制讲解完整的游戏原画绘制的基本流程；第二部分（第 5 章～第 7 章）的每一章均为一个完整的实例绘制讲解，书中选择了几个精美的 CG 原画实例对完整的绘制步骤进行详细讲解，每个实例的画面风格各有不同，分别为可爱灵动、人物组合、华丽精致，每个实例均先展示了构图效果、画面构思、配色解析等创意思路以及线稿的绘制过程，再讲解将线稿导入计算机后进行上色、勾线、模糊、渲染、细化以及绘制配饰等一系列画面效果处理的知识，在步骤的讲解过程中，对于比较难理解的步骤还穿插了“局部特写放大镜 + 要点提示”的辅助板块，使读者在学习的过程中理解更加透彻。

本书知识全面、学习轻松、讲解细致，希望读者朋友们都能从中学到想要的知识，并且从生活中汲取灵感，运用本书中介绍的绘画技法绘制属于自己的原画作品。

本书由张小雪、何辉、邹国庆、姚义琴、江涛、李雨旦、邬清华、向慧芳、袁圣超、陈萍、张范、李佳颖、邱凡铭、谢帆、周娟娟、张静玲、王晓飞、张智、席海燕、宋丽娟、黄玉香、董栋、董智斌、刘静、王疆、杨枭、李梦瑶、黄聪聪、毕绘婷、李红术等人制作完成，书中难免有疏漏之处，希望广大读者朋友批评指正。

目录

第5章 可爱灵动：萌族少女............34

第6章 人物组合：狐幻....................75

第7章 华丽精致：命运女神 123

基础知识

1.1 游戏原画的概念

游戏原画是美术设计中至关重要的环节，它大体分为四种类型，即游戏原画、游戏场景原画、游戏设定原画、游戏 CG 封面原画。

游戏原画的目的是将游戏文案中的人物设定、游戏背景设定绘制成一幅幅画面，构建出大体的视觉框架，迈出游戏图像化的第一步。它能够统一设计人员的认知，确定设计的方向，明确表现的风格，落实到制作，贯穿产品的始终。

游戏场景原画是按游戏原画的大体设定具体地绘制出一张张场景的内容，并加以自我创作美化，但是所做的创作不能脱离整个游戏的设定和风格。

游戏设定原画所做的是游戏内人物、道具、武器、装备、动物、妖怪等设定，根据设计师的理解进行创作，在设定的时候要多参考真实的历史背景，这样才不会与整体背景脱节。

游戏 CG 封面原画是根据游戏的设定进行宣传画的绘制，封面原画的完成度要求是最高的，作品的精细度和绘画水平要求也是最高的，所绘制的画面要具有吸引人眼球的效果，有许多游戏宣传画还会被拿来作为游戏过场背景和网页的宣传图。

整体来说，不管是哪一类型的游戏原画，都要求人物具有绝对的美型，在画面中要注意造型的美感、动态的自然、色彩的绚丽，画面的扎实。游戏原画的代表画师有金亨泰、Keira、刘远、黄光剑、急速 K、白鹿等，下面展示了他们的一些作品。

Keira 的作品（1）

Keira 的作品（2）

金亨泰的作品

刘远的作品（1）

白鹿的作品

刘远的作品（2）

1.2 游戏原画的画笔制作和使用讲解

本节讲解绘制游戏原画时常用的画笔的制作方法和使用。

1.2.1 通用画笔

下面讲解绘制游戏原画时常用的两种画笔的制作方法和使用。

“有笔锋”画笔

“有笔锋”画笔是常用的勾线画笔，适合绘制任何风格的线稿使用。选择“硬边圆压力不透明度”画笔，勾选“形状动态”选项，具体设置如下图，这样绘制出来的线条笔锋感十分明显，但又不会显得太粗糙。“有笔锋”画笔在游戏原画中一般用于线稿的绘制。

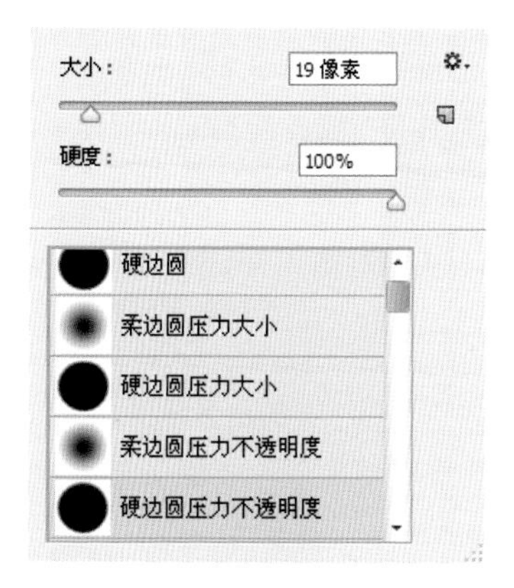

画笔的选取

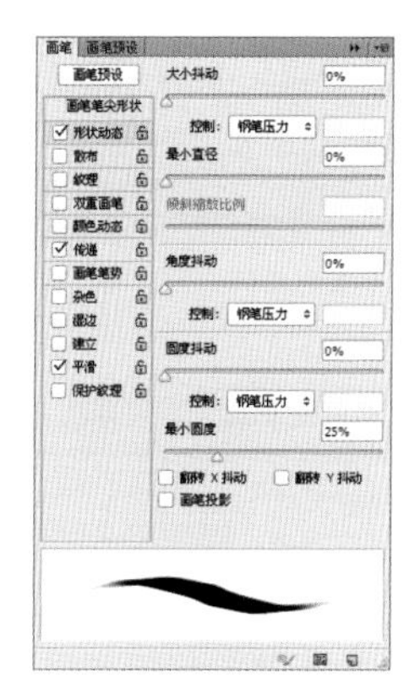

画笔的详细设置

“有笔锋”画笔效果

“无笔锋”画笔

“无笔锋”画笔如名所示，是一种完全没有笔锋的画笔，可以用来绘制边缘规整的色块或者进行大色调的铺色等。选择“硬边圆”画笔，在“画笔”面板中设置如下，就可以得到粗细一致的线条了。此种画笔在游戏原画中一般用于底色的绘制或金属物体的塑造。

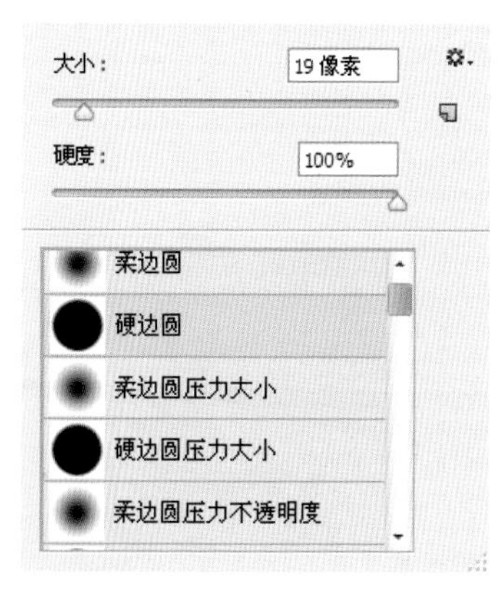

画笔的选取

画笔的详细设置

“无笔锋”画笔效果

1.2.2 游戏原画的特有画笔

下面通过对 Photoshop 软件自带的画笔进行设置得到几种特殊效果的画笔。

“草地 1”画笔

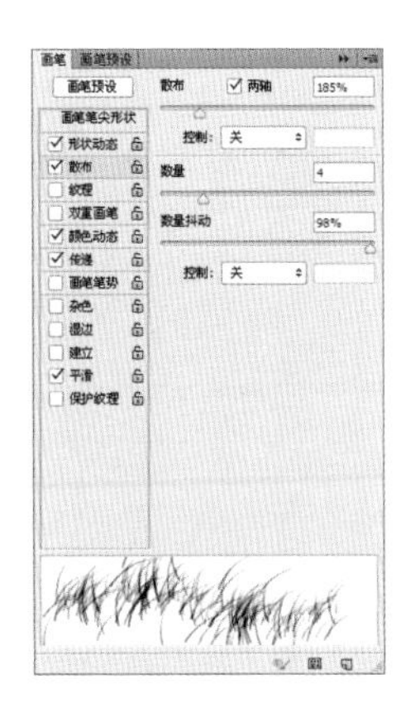

01 打开 Photoshop 软件，选取软件中自带的“沙丘草”画笔。

02 打开“画笔”面板，或者执行“窗口”|“画笔”命令，调出“画笔”面板，勾选“散布”选项，将数值设置为图中所示。

03 “草地 1”画笔效果如图所示，小草之间的间隔可以通过“散布”选项的数值进行调整。这种画笔多用来绘制大面积的草皮，是一种十分实用的画笔。

“草地 2”画笔

01 新建一个空白文件，用黑色绘制出小草的图案。

02 执行“编辑”|“定义画笔预设”命令，弹出“画笔名称”对话框，设置画笔名称，然后单击“确定”按钮。画笔添加完成之后可以在默认画笔下端找到，选中添加完成的“草地 2”画笔。

03 打开“画笔”面板，勾选“形状动态”选项，将数值调整为图中所示。

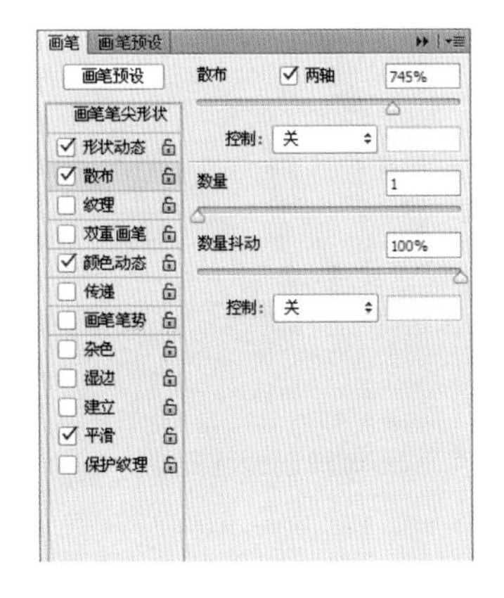

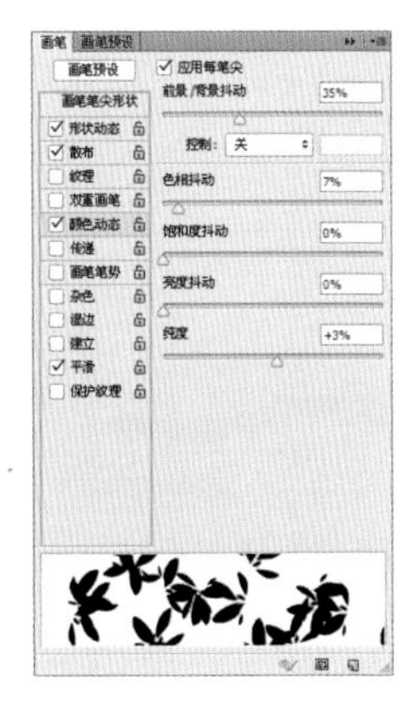

04 勾选“散布”选项，将数值调整为图中所示。

05 勾选“颜色动态”选项，将数值调整为图中所示。

06 “草地 2”画笔效果如图所示。这种画笔多用来点缀散开的草丛，或用来绘制衣服的图案。

“蝴蝶”画笔

01 打开 Photoshop 软件，然后打开“画笔”面板，单击右上角的齿轮按钮。

02 选择“特殊效果画笔”，在弹出的对话框中单击“追加”按钮，然后在添加的画笔中选取“缤纷蝴蝶”画笔。

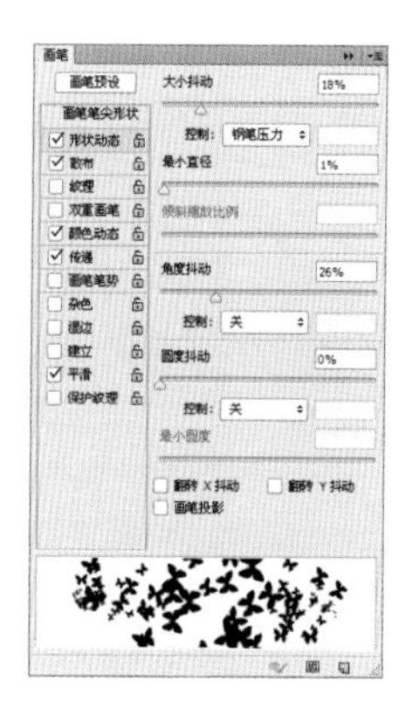

03 打开“画笔”面板，或者执行“窗口”|“画笔”命令，调出“画笔”面板，勾选“形状动态”选项，将数值设置为图中所示。

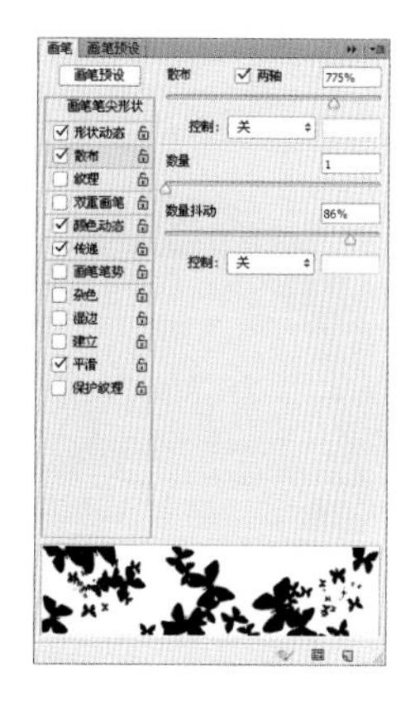

04 勾选“散布”选项，将数值设置为图中所示。

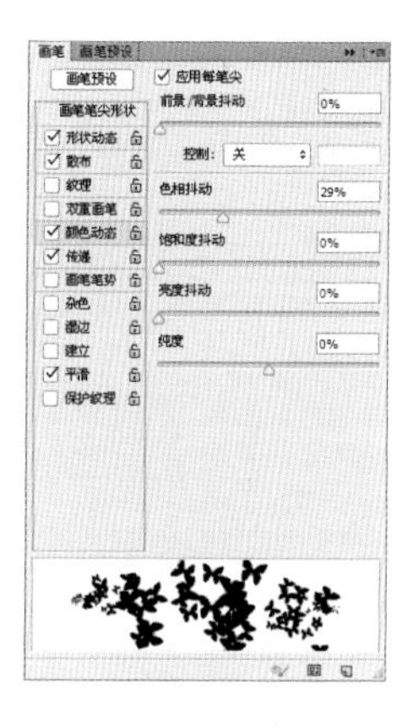

05 勾选“颜色动态”选项，将数值设置为图中所示。

06 “蝴蝶”画笔效果如图所示。这种画笔多用来增添画面氛围，也可以用来绘制服饰图案。

“朦胧”画笔

01 打开 Photoshop 软件，选取软件中自带的“柔边圆压力不透明度”画笔。

02 打开“画笔”面板，或者执行“窗口”|“画笔”命令，调出“画笔”面板，勾选“形状动态”选项，将数值设置为图中所示。

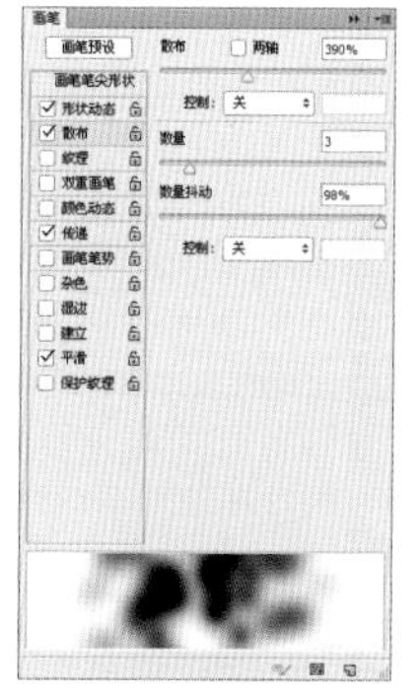

03 勾选“散布”选项，将数值设置为图中所示。

04 “朦胧”画笔效果如图所示。这种画笔多用来增添画面氛围，也可以用来绘制毛绒质感。

“点状”画笔

01 打开 Photoshop 软件，选取软件中自带的“水彩大溅滴”画笔。

02 打开“画笔”面板，或者执行“窗口”|“画笔”命令，调出“画笔”面板，勾选“形状动态”选项，将数值设置为图中所示。

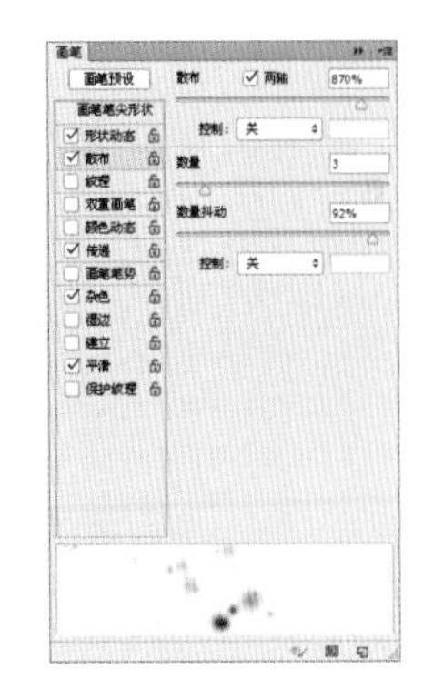

03 勾选“散布”选项，将数值设置为图中所示。

04 “点状”画笔效果如图所示。这种画笔多用来增添画面氛围，也可以用来点缀出水花效果。

1.3 游戏原画的配色讲解

在学习配色之前首先应该了解色彩知识最基础的色环概念。色环是在彩色光谱中所见的长条形的色彩序列，将首尾连接在一起，使红色连接到另一端的紫色，色环通常由 12 种不同的颜色组成。在绘制原画时所使用的色彩都是由十二色环中的颜色调色而来的。

现在由于大多都用软件绘制原画，所以省略了调色这一阶段，我们可以直接选取所需颜色进行原画的绘制，但整幅原画的颜色搭配也是十分重要的知识。

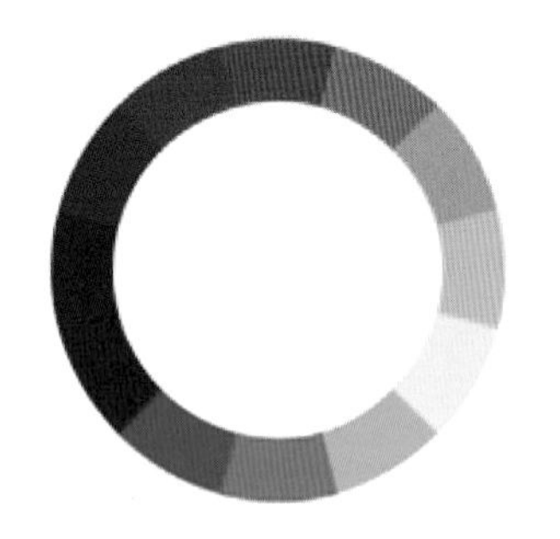

色环

游戏原画常用的颜色

皮肤 ffe9d4

此种颜色多用来绘制人物的皮肤。

头发 e3cdb5

此种颜色多用来绘制人物的头发。

背景 262851

此种颜色多用来填充暗色背景。

金饰 a27830

此种颜色多用来绘制金饰。

嘴巴 f19d9d

此种颜色多用来绘制嘴唇或者花朵。

袜子 313131

此种颜色多用来绘制黑色丝袜。

绒毛 ffffff

此种颜色多用来绘制动物绒毛。

银饰 b5b5b5

此种颜色多用来绘制银饰。

玉石 95c62c

此种颜色多用来绘制玉石。

上衣 a40000

此种颜色多用来绘制裙子或者流苏。

头发 ced5dd

此种颜色多用来绘制浅色头发。

天空 e4faf8

此种颜色多用来绘制天空。

不同的色彩能给人相应的情感暗示。红色给人热情、火热的感觉，多用来绘制火系法袍、盔甲、武器等；蓝色给人冷静、沉稳的感觉，多用来绘制冰系法袍、武器等；橙色给人鲜艳、明快的感觉，多用在 Q 版人物的绘制上；紫色给人神秘莫测的感觉，多用来绘制美丽的成年女性……色彩的选择并不是绝对的，但是画面的色调却能影响人们的视觉感受。

明快的黄色系

玄幻的红色系

沉稳的蓝色系

神秘的紫色系

材质区分

2.1 表现出不同的材质

不同的绘制方法能表现出不同的材料质感，这里通过绘制不同质感的球体来学习这些知识。

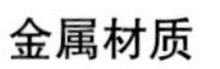
金属材质

软糖材质

玉石材质

水晶材质

皮革材质

宝石材质

2.2 小物件的绘制

不同的材质效果能增添小物件的耐看度，常见的饰品搭配有金镶玉、银镶宝石等。

2.2.1 金属护腕

金属材质光线感强，受环境色的影响比较明显，不同部分的色彩对比度高。

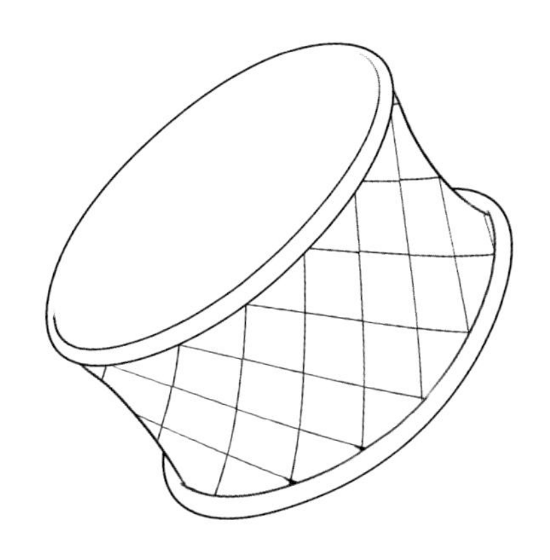
01 绘制线稿。

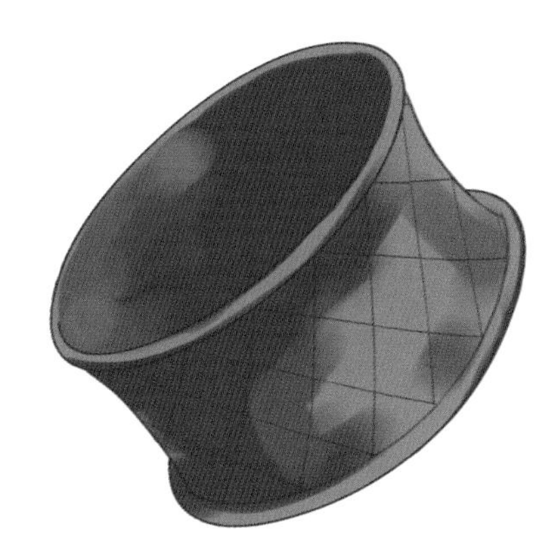
02 绘制底色。

03 区分出明暗面。

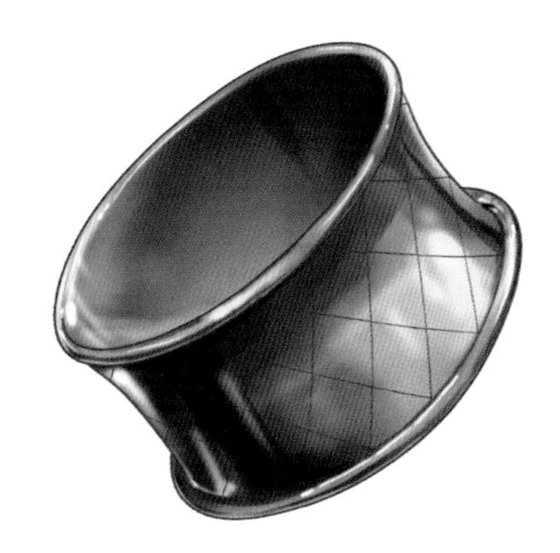
04 添加色彩和光线效果。

05 叠加花纹。

06 勾勒高光，绘制完成。

2.2.2 宝石首饰

宝石是具有透光性的矿物质，在绘制时要表现出宝石的通透感和水润感。

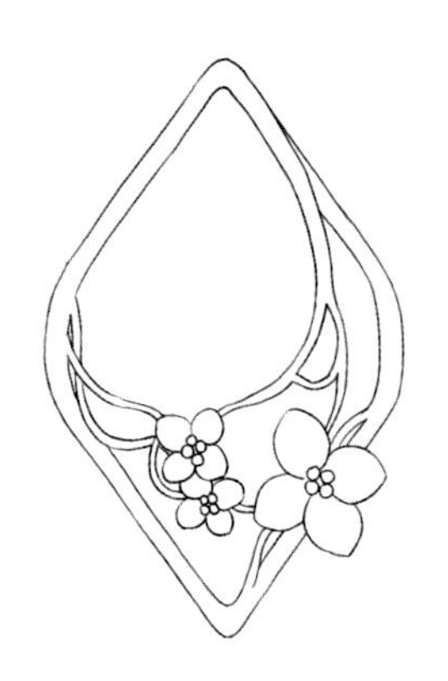

01 绘制线稿。

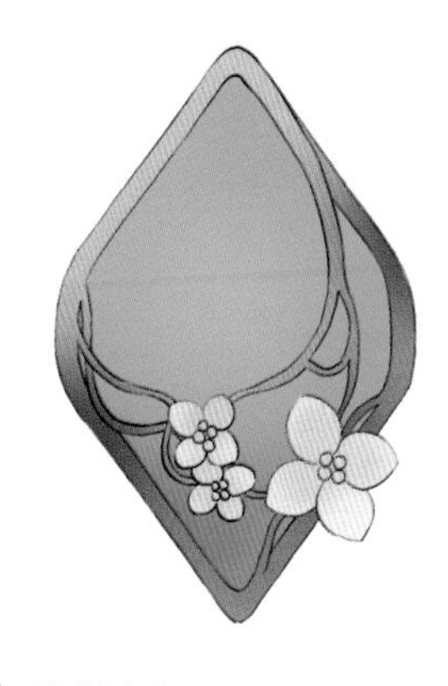

02 绘制底色。

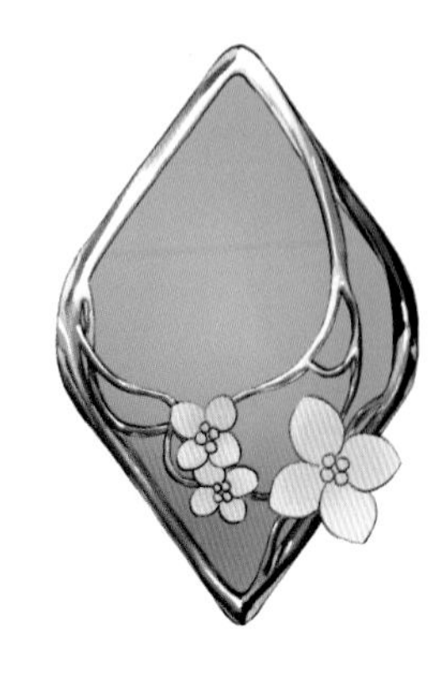

03 绘制金属镶边。

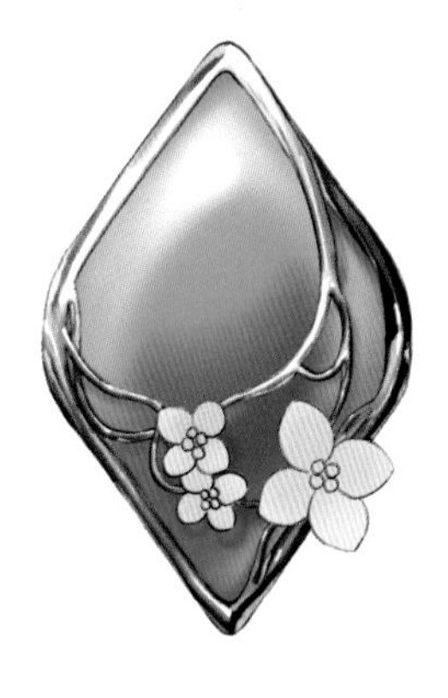

04 叠加宝石色彩。

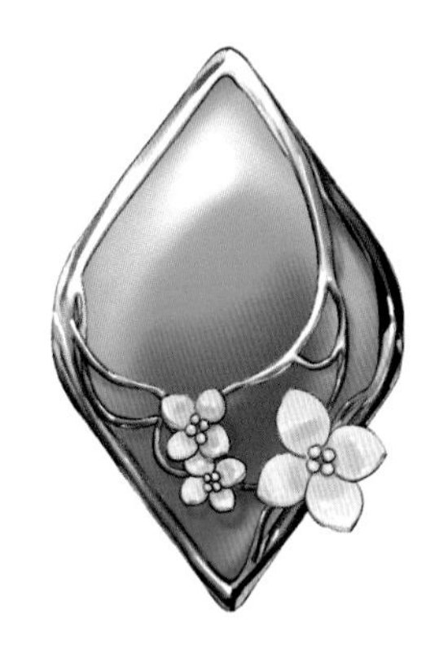

05 绘制装饰花朵。

06 增添光效，绘制完成。

2.2.3 柔软布料

布料的形态多变，不同部分的色彩明暗变化较小。不同布料的材质也是有所区别的，丝绸受环境色的影响较大，麻布受环境色的影响较小。

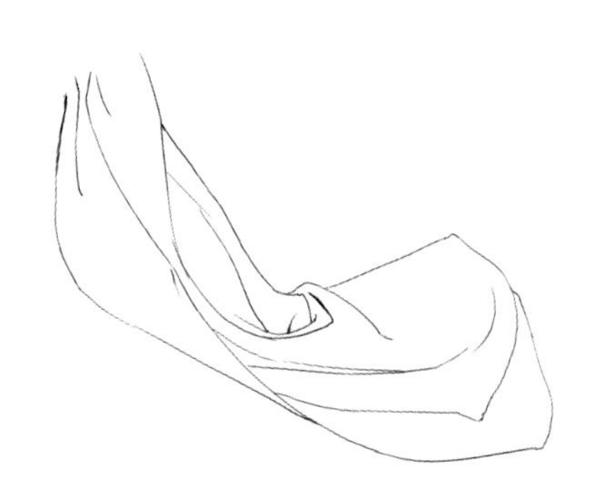

01 绘制线稿。

02 区分大致的明暗。

03 塑造布料褶皱。

04 修饰整体颜色。

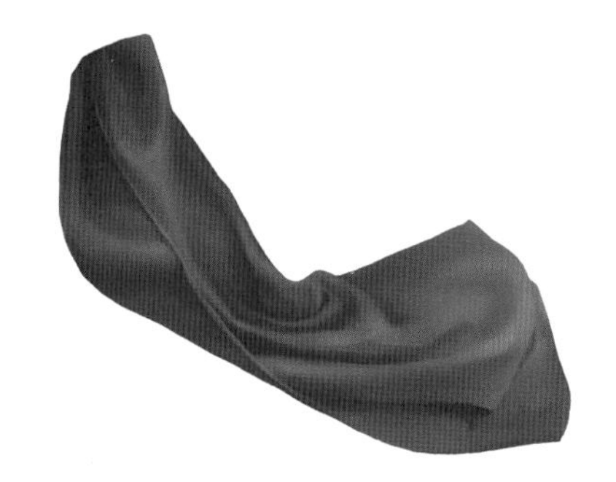

05 细化布料。

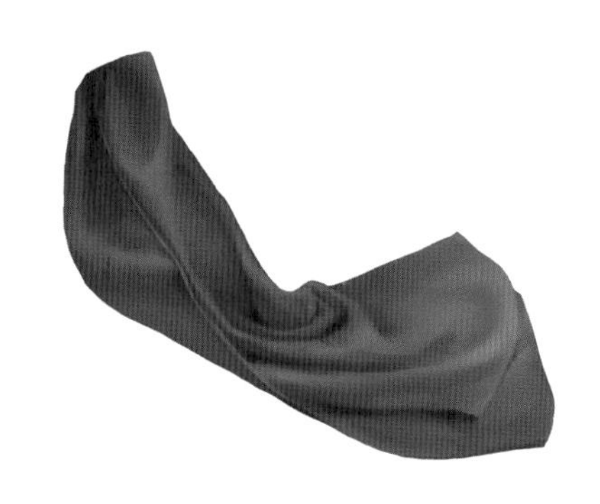

06 加深阴影，绘制完成。

2.2.4 薄纱材质

薄纱材质是一种半透明的布料，透出的底色能表现出半透明的感觉。

01 绘制线稿。

02 绘制底色。

03 绘制布料褶皱。

04 加深布料褶皱。

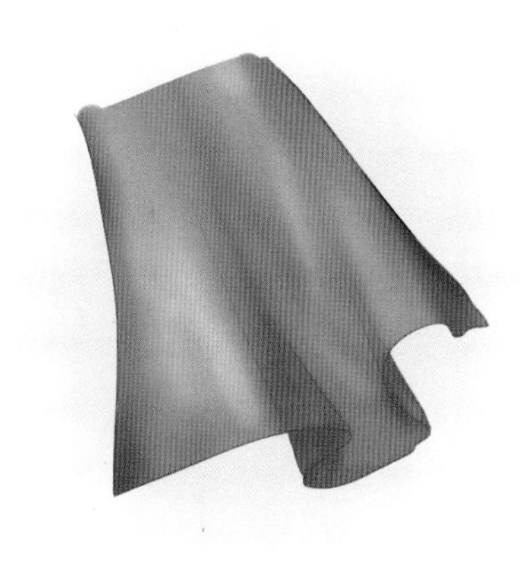

05 增添底色，擦除多余色彩。

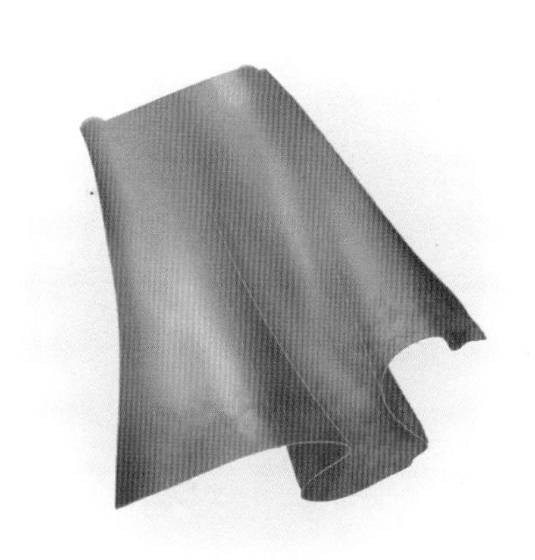

06 添加薄纱花纹，绘制完成。

造型设计

3.1 游戏原画中人物脸部的绘制

人物脸部永远是画面的视觉中心部分，脸部表情能直观地表现出人物的情绪特征，下面来学习人物不同表情的绘制方法。

3.1.1 小孩脸部的绘制

小孩的眼睛比较大，眼睛中线多在 1/ 2 头长处，嘴巴和鼻子比较小巧。小孩的脸部表情比较夸张。

3.1.2 青年脸部的绘制

青年人的脸部比例是比较标准的三庭五眼式，眼睛较细长。青年人的脸部表情以细微变化为主，不如小孩脸部的表情变化大。

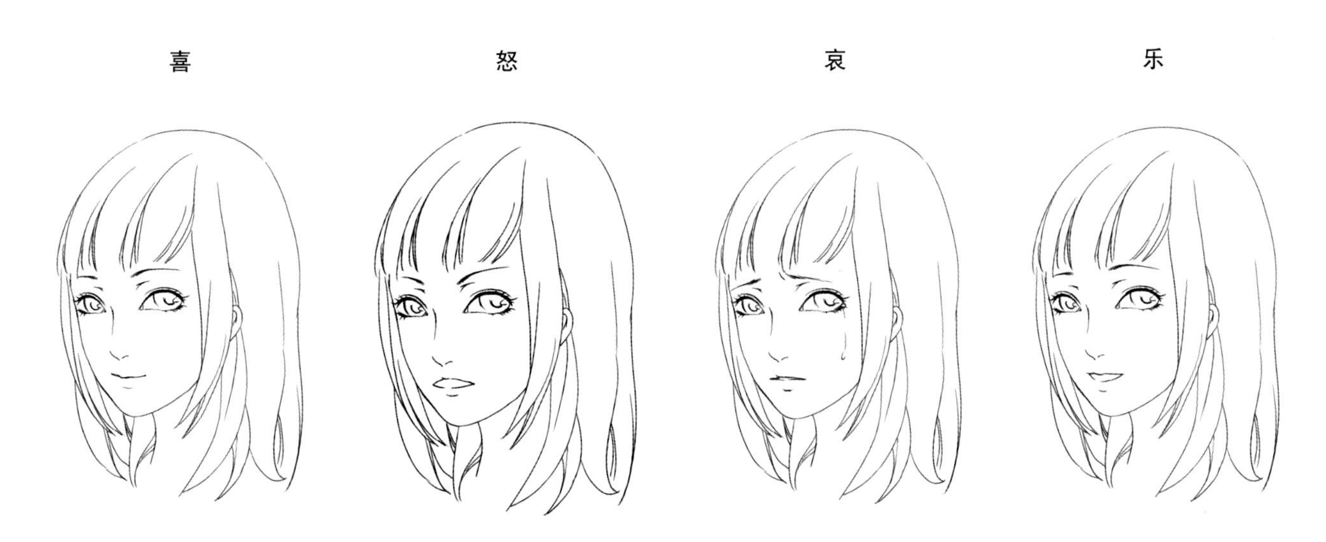

3.2 游戏原画中人物动态的绘制

游戏原画中的人物动态大多比较夸张，整体画面的透视感强，下面来学习不同年龄人物的动态绘制。

3.2.1 小孩动态的绘制

小孩的动态大多可爱并夸张，可以多尝试不同的动态造型。

01 勾勒出小孩的大致动态图。需要注意，小孩的手臂比较短，头部比较大。

02 降低动态图的图层不透明度，新建一个造型图层绘制出人物的服饰造型。小孩的造型以可爱为主。

03 将动态图层和造型图层的不透明度降低，新建一个线稿图层，选择“硬边圆压力不透明度”画笔绘制出人物头部线稿。

04 绘制人物全身线稿，不同的腿部姿势会影响袜子和鞋子的透视。

05 增添背景的星星图案，可爱的小孩画面就绘制完成了。

3.2.2 青年动态的绘制

青年的动态大多优雅、自然，需要注意青年的身体更显得修长挺拔。

01 绘制出人物的动态图，这里绘制一个飘起的优雅女性形象。

02 降低动态图的不透明度，然后新建服饰图层，绘制出人物的服饰造型，注意把握好飘飞衣褶的层次。

03 降低服饰图层的不透明度，然后新建线稿图层，绘制出人物头部的线稿，注意用流畅的线条绘制出人物的长卷发。

05 在人物旁边点缀上小泡沫，整幅画面就绘制完成了。

04 绘制完剩下的人物线条，层叠的服饰要表现准确。

3.3 游戏原画中武器的绘制

游戏原画分为许多不同种类，如中式、欧式、幻想、暗黑等，不同的游戏类型所采用的武器风格也不一样。

3.3.1 欧式武器

欧式武器大多具有繁复的花纹，所使用的镶嵌材质大多是银、宝石，色彩丰富绚丽，并多用钻石。

剑

01 绘制线稿。

02 绘制底色。

03 塑造阴影。

04 刻画材质质感，绘制完成。

弓

01 绘制线稿。

02 绘制底色。

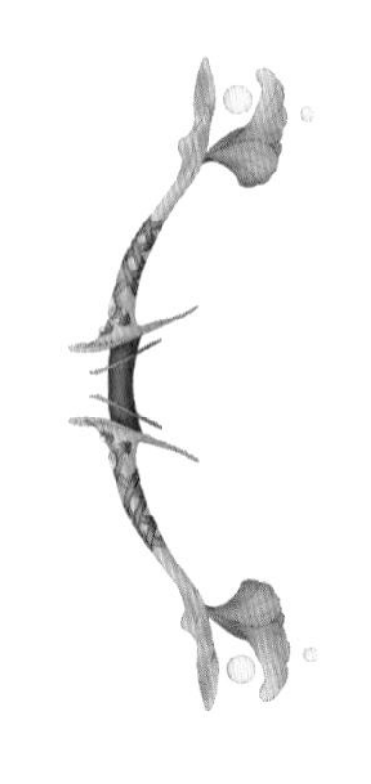

03 塑造大致的阴影。

04 刻画魔法光感，绘制完成。

法杖

01 绘制线稿。

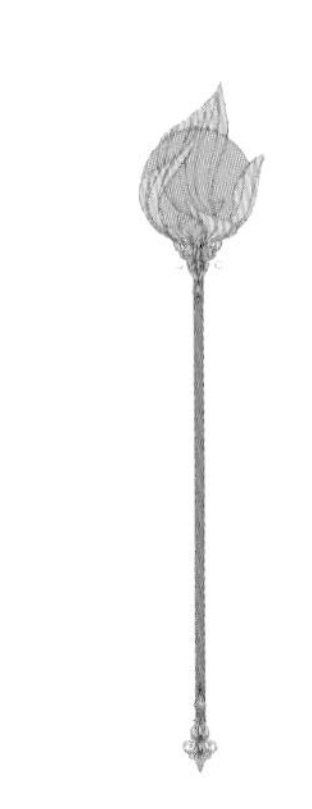

02 绘制底色。

03 绘制大致的明暗效果。

04 刻画质感，塑造魔法效果，绘制完成。

3.3.2 中式武器

中式武器的材质丰富多样，镶嵌的宝石色彩也较丰富，并多增添配饰，如流苏、铃铛等。

剑

01 绘制线稿。

02 绘制底色。

03 刻画大致的明暗效果。

04 刻画花纹，绘制完成。

长枪

01 绘制线稿。

02 绘制底色。

03 刻画阴影。

04 塑造材质和细节，绘制完成。

法宝

01 绘制线稿。

02 绘制底色。

03 刻画阴影层次。

04 塑造细节，增添光感。

3.4 游戏原画中魔法的表现

游戏原画少不了魔法的效果表现，不同的人物角色所使用的魔法也有所区别，如火属性的人物大多使用红色的攻击魔法，自然属性的人物大多使用绿色的治疗魔法等。

3.4.1 防御魔法

防御魔法的色彩大多比较清新、自然，代表防御之力，魔法的边缘比较柔和。

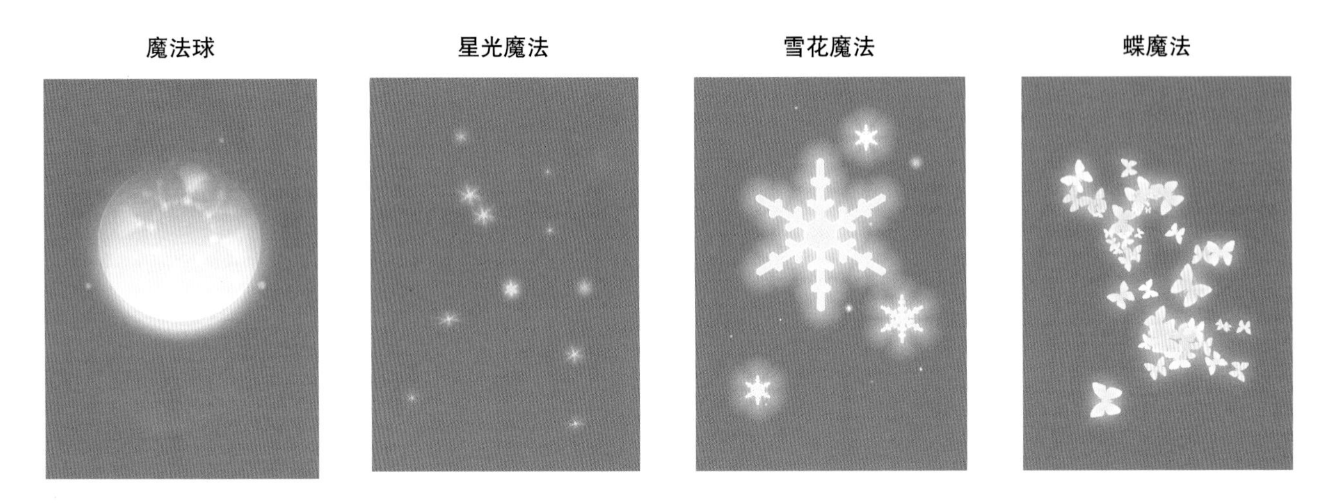

3.4.2 攻击魔法

攻击魔法的色彩大多比较鲜艳，魔法的形态多为不规则形或长条形，表现出强烈的攻击感。

3.5 跟宠的绘制

游戏中的跟宠大多是可爱形象，体积比人物小，服饰造型鲜明、简单，下面来学习不同跟宠的绘制。

3.5.1 忍者兔

在绘制前先确定跟宠的种族和特性，整体要表现出兔子的动物特征，服饰造型是忍者的装备，这样才贴合忍者兔的主题。

01 绘制线稿。　02 分图层绘制底色。　03 塑造整体明暗。　04 调整画面，绘制完成。

3.5.2 水精灵

水精灵跟宠选取的是水母的动物形象，再增添上人物的五官。

01 绘制线稿。　02 分图层绘制底色。　03 区分大致的明暗。　04 塑造细节，绘制完成。

3.5.3 花草兽

花草是这个跟宠的重要元素，选择花瓣、叶子、藤蔓等元素添加在小宠上，再添加人物的表情，就能表现出花草兽的感觉了。

01 绘制线稿。

02 分图层绘制底色。

03 塑造大致的明暗效果。

04 刻画细节，绘制完成。

3.6 游戏原画中种族的表现

游戏中常见的种族有狐狸族、人鱼族、地精族等，它们都具有自身的显著特点，下面来学习常见的欧式种族和中式种族。

3.6.1 欧式种族

欧式种族的服饰比较精细，饰品繁复，人物面貌和白种人相似，均为高鼻梁、深眼窝等。

天使

天使最显著的特征是背后有翅膀，不同的天使翅膀颜色不一样。天使大多为圣洁、纯正等正面情绪的代名词，装饰物也多用植物、十字架等元素。

普通天使翅膀

炽天使翅膀

美人鱼

美人鱼大多都表现出正面的情绪，最显著的种族特点是少女的上半身加上大鱼的尾巴。欧式人鱼的装扮多采用珍珠、宝石等元素。

鲸鱼型鱼尾

带鱼鳍的鱼尾

吸血鬼

吸血鬼是欧洲传说中一个永恒不衰的话题人物，它们普遍具有苍白的皮肤、尖利的獠牙、绝美的面容等。其服饰造型多为哥特式，首饰的色彩多选择暗色。

烟熏妆容

恶魔犄角

3.6.2 中式种族

中式种族大多采用古代服饰造型，服饰的配色较鲜艳，人物的头发多为棕色系。

天女

最著名的天女造型要数敦煌莫高窟的飞天仙女了。常见的天女梳着古代发髻，身披羽衣，出尘的身姿能带给人美的感受。

双环灵蛇髻
桃花花钿

鲛人

鲛人又被称为中国的人鱼，古时就有关于鲛人“对月长歌”“泣月流珠”的传说。通过对古代服饰中元素的提炼，可以表现出中式鲛人的感觉。鲛人的形象有时与龙女的形象混合。

蓝色珊瑚角

羽衣鲛人

九黎族

在中国神话中，九黎族能呼风唤雨，骁勇善战，是十分好战的民族。高马尾的发型和干练的皮革装扮能表现出其职业特征，长柄斧头能表现出其好战的特点。

火焰刺青

双面斧武器

绘制流程

4.1 可爱女孩线稿的绘制

这里想绘制一个扎着双马尾的可爱女孩，女孩穿着浅色的衣服，头上戴着羽毛头饰，脸上的花纹表现出神秘的感觉。

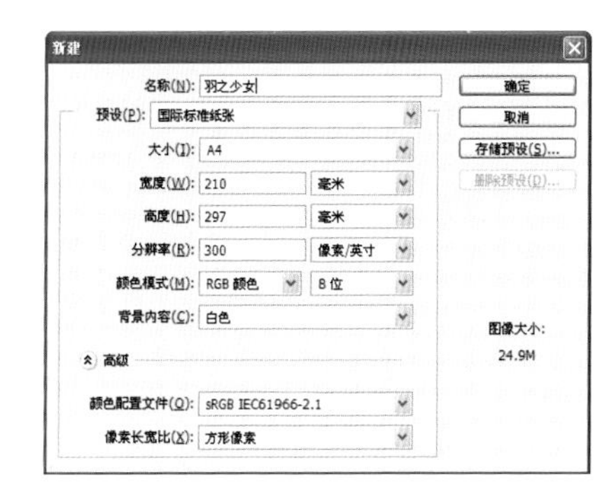

01 打开 Photoshop 软件，执行“文件”|“打开”命令，弹出“新建”对话框，将数值设置为图中所示的模式，单击“确定”按钮，新建一张空白的画布。

02 选择“硬边圆压力不透明度”画笔绘制出画面草稿。

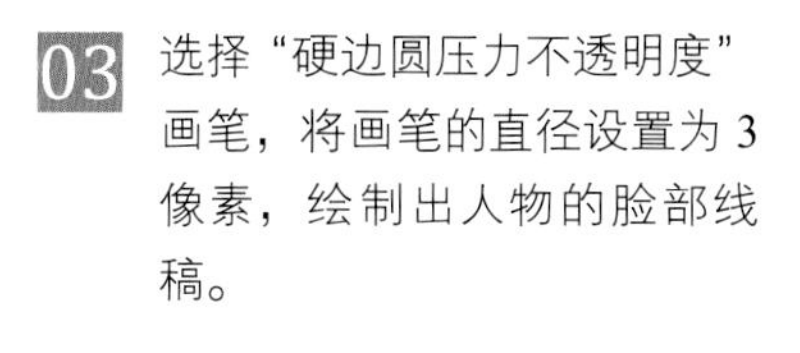

03 选择“硬边圆压力不透明度”画笔，将画笔的直径设置为 3 像素，绘制出人物的脸部线稿。

04 绘制出头发的线稿，要根据头骨的结构绘制头发的线条。

05 绘制人物的双马尾，注意双马尾的高度是一致的。

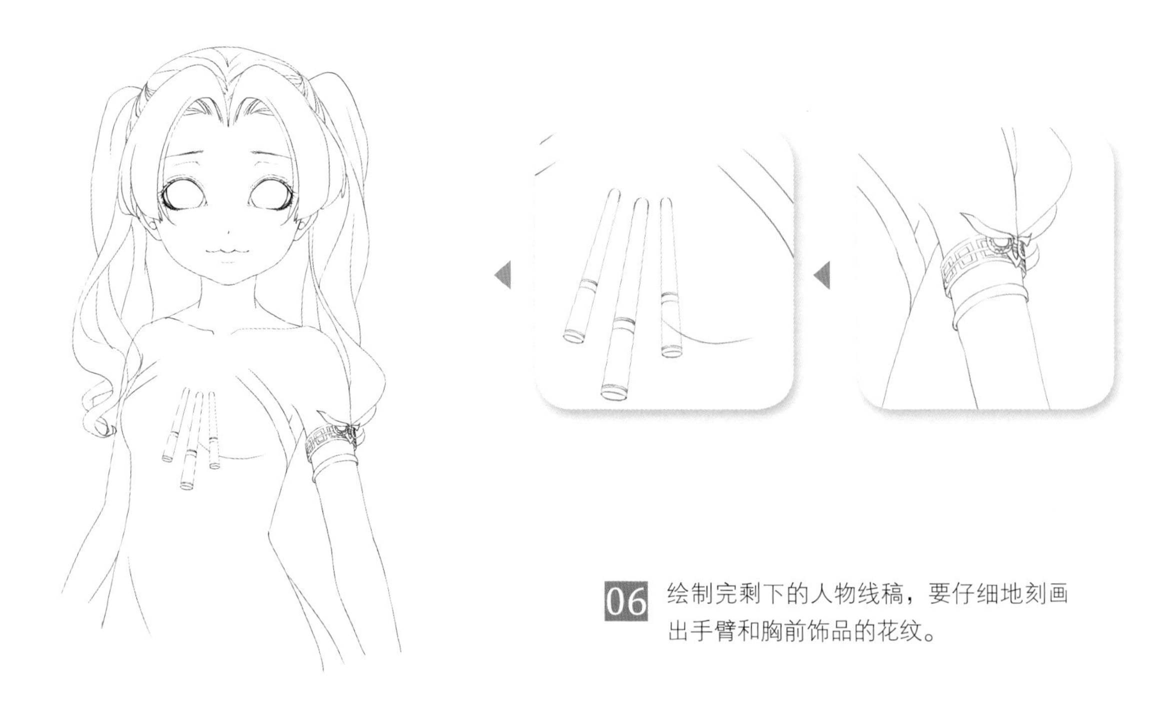

06 绘制完剩下的人物线稿，要仔细地刻画出手臂和胸前饰品的花纹。

4.2 画面色调的搭配

这张画面想绘制一个清新可爱的女孩，所以头发和衣服都选择比较淡雅的色彩。在大色调搭配好之后就可以将底色分图层绘制在线稿之下了，溢出的颜色用橡皮擦工具擦除。

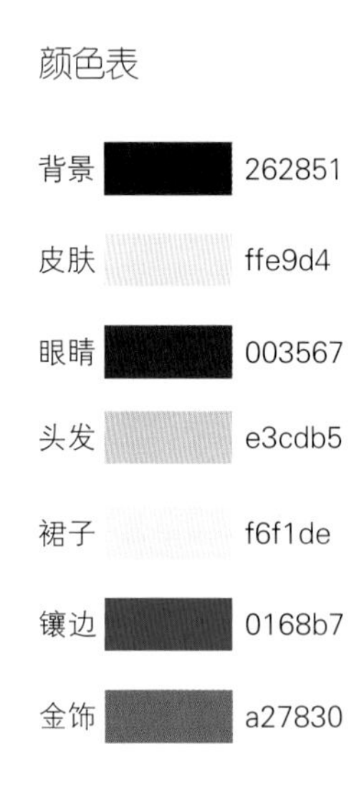

颜色表

背景	262851
皮肤	ffe9d4
眼睛	003567
头发	e3cdb5
裙子	f6f1de
镶边	0168b7
金饰	a27830

4.3 女孩的大致明暗的绘制

这一节塑造出人物的大致明暗，统一画面的光源和色调，以便后面的细化绘制。

01 选择“柔边圆压力不透明度”画笔，用浅橘粉色绘制出皮肤的大致明暗。

02 选择深一层的色彩刻画出五官的细小阴影面。

03 用偏紫的肉色加深五官和脖子的阴影，增添皮肤的体积感。

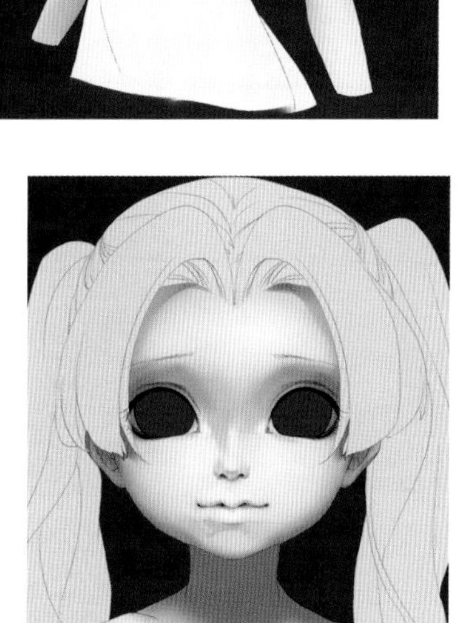

04 用深色刻画出细致的阴影，塑造出五官的大致结构。

05 用同样的方法塑造身体的皮肤，手臂的前后空间要表现出来。

06 锁定头发颜色图层的不透明度，选择“柔边圆压力不透明度”画笔，用浅棕色绘制出大致的明暗分布。

07 选择“硬边圆压力不透明度”画笔，塑造出头发的整体光感。

08 锁定眼睛颜色图层的不透明度，用“硬边圆压力不透明度”画笔区分出瞳孔和上眼皮的投影。

09 选择“柔边圆压力不透明度”画笔，将画笔模式设置为“线性光”，绘制出眼球的光感。

10 在上眼皮的投影位置增添浅紫色的反光，用浅蓝色进一步增添眼球的光感，再用白色点缀出瞳孔的高光。

11 绘制出眼白的阴影，刻画出双眼皮的投影。

12 选择“柔边圆压力不透明度”画笔，用深色绘制出衣服的阴影，注意根据人体肌肉的转折进行阴影的绘制。

13 用“硬边圆压力不透明度”画笔绘制出衣服的具体阴影，在衣服的背光面绘制上浅蓝灰的反光。

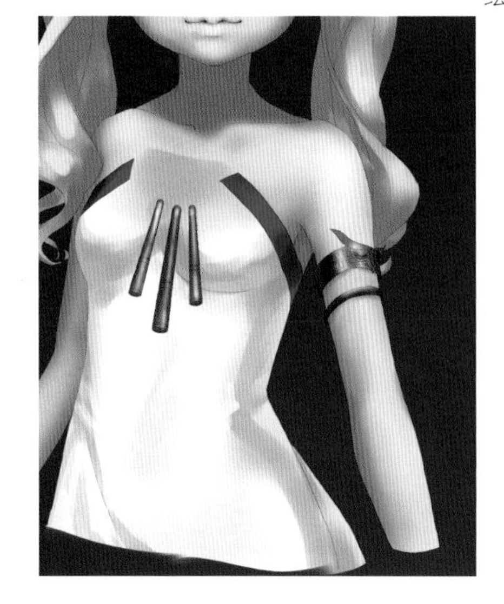

14 选择红棕色绘制出饰品的暗面色彩。

15 用渐变工具调整画面的背景色彩，选择“柔边圆压力不透明度”画笔绘制出服饰的绒毛，女孩的大致明暗就绘制完成了。

4.4 塑造女孩的整体色彩

用颜色塑造细节能使画面更加耐看，这一节主要用叠加色彩的方法塑造细节部分，使人物的体积感更强。

01 选择“柔边圆压力不透明度”画笔，将画笔模式设置为“叠加”，丰富脸部的颜色层次。

02 塑造脸部细节，绘制出女孩的唇部色彩，在反光部分绘制上浅蓝灰色。

03 用同样的方法塑造完人物全身的皮肤。

04 隐藏头饰图层，选择“硬边圆压力不透明度”画笔绘制出头发的细节色彩。

05 将“硬边圆压力不透明度”画笔的直径设置为两像素，勾勒细碎的发丝，使头发更显真实。

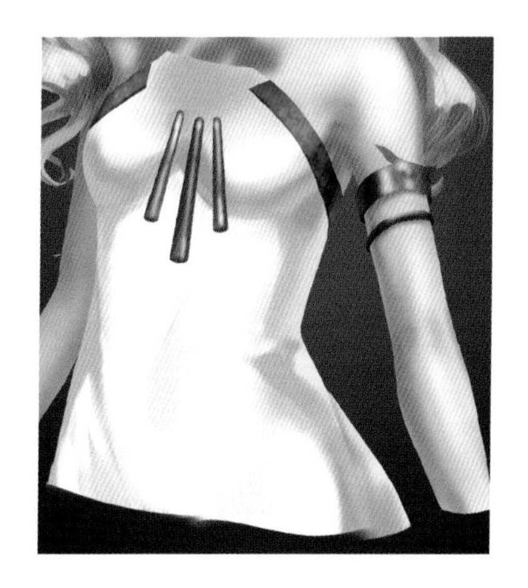

06 绘制裙子的细节褶皱，身体的结构也要通过明暗表现出来。

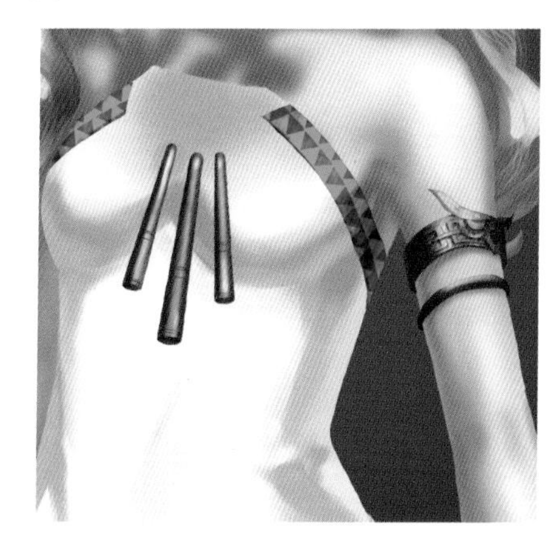

07 将画笔模式设置为“线性光”，选择浅蓝色绘制出蓝色镶边的花纹，再用深色刻画出金饰的花纹。

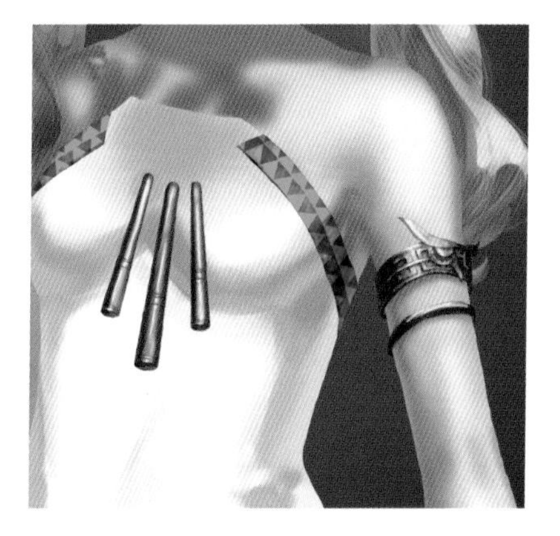

08 选择偏绿的浅棕色刻画出金饰的高光，然后删除线稿图层。

09 选择“柔边圆压力不透明度”画笔，塑造绒毛饰品的明暗，人物部分就细化完成了。

4.5 画面氛围的整体渲染

用 Photoshop 软件自带的画笔增添画面氛围，修饰整体画面效果。

01 选择“特殊效果画笔”中的“散落野花”画笔，用白色绘制出画面下端的装饰花纹。

02 利用“缤纷蝴蝶”画笔点缀画面。

03 修饰背景的色彩层次，点缀上细小的光点，使背景具有夜空的感觉。

04 调整画面色彩，然后选择“柔边圆压力不透明度”画笔，用白色绘制出人物的柔光边缘。

提示 在使用花纹画笔绘制图案时要与主体人物衔接好，这样整幅画面才显得更自然。

05 选择“硬边圆压力不透明度”画笔，将画笔模式设置为“线性光”，绘制出人物脸部的花纹，这张游戏原画就绘制完成了。

萌族少女

5.1 萌族少女构图分析

本章绘制萌系的可爱少女，在头的两侧加上类似于小动物的耳朵，表现出非人种族的特性。在绘制游戏原画的时候要尽量展现出服饰和武器的整体效果。这里将少女设定为法系辅助类职业，服饰由布料和毛皮构成，以突出种族和职业的特性。在绘制原画时除非特殊的画面要求，一般都采用正面的人物姿势，武器也要尽可能地展现完整。原画的背景对于烘托画面氛围十分重要，这里绘制了少女踩在一块突出的草地上，草地上长出了一些花草植物的画面。人物的右手拿着手骨一样的武器，武器上的飘带能增添画面的动感。在确定了大致的画面构思之后就可以开始原画的绘制了。

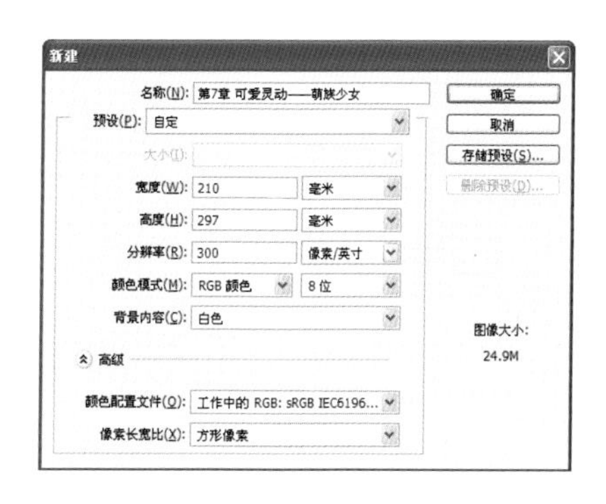

01 打开 Photoshop 软件，执行“文件”|“新建”命令，弹出“新建”对话框，将数值设置为如图所示的模式，单击“确定”按钮，一张可供使用的画布就创建完成了。

02 选择“硬边圆压力不透明度”画笔，将画笔的直径和不透明度调整一下，绘制上预先构思好的画面草稿，在这一步不用考虑太多的人体结构问题。

5.2 画面线稿的绘制

绘制画面的线稿时，线条要流畅，线与线的交界处衔接要自然，在这一步少女服饰的花纹也要勾勒出来，从而为后面的上色奠定基础。

5.2.1 少女线稿的描绘

用线条表现出人物的体块转折和装备样式，对于不好绘制的部分可以新建一个图层，在绘制完部分线稿之后再进行整理线稿、合并图层的操作。

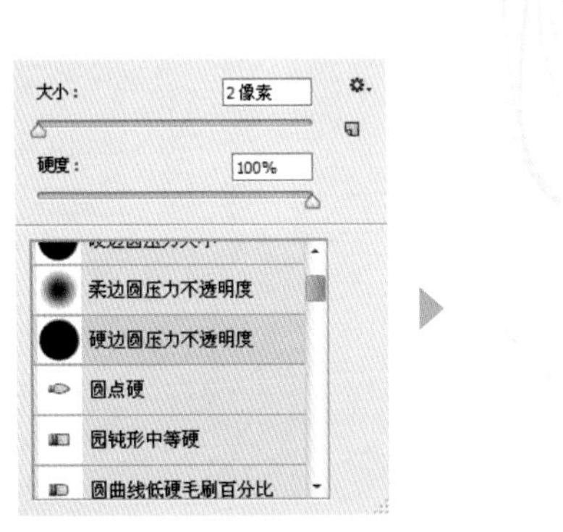

提示 不同粗细的线条能表现出所绘制物体的转折变化，用笔力度的大小变化能表现出不同粗细的线条。

01 将草稿图层的不透明度降低，选择“硬边圆压力不透明度”画笔，绘制出人物的脸部线条。

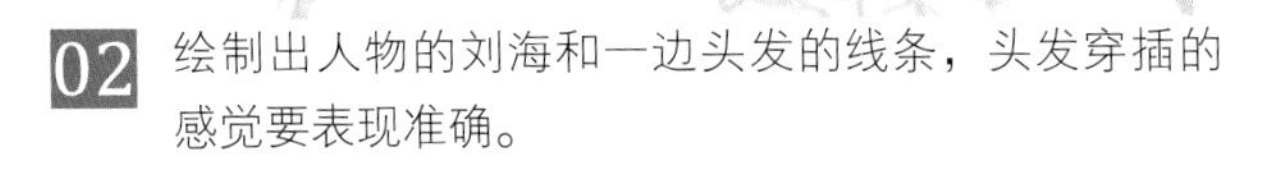

02 绘制出人物的刘海和一边头发的线条，头发穿插的感觉要表现准确。

03 绘制出剩下的头发，注意该人物是扎了一个发髻的短发造型。

04 绘制出人物头上的双耳，人物的耳朵分为两个部分，即耳轮廓和耳朵边上的绒毛，分别用不同的线条表现出人物耳朵的质感。

05 绘制出人物肩膀和一只手臂的线条，线条的穿插叠挡能表现出人体的结构感。

06 绘制完人物上半身的线条。

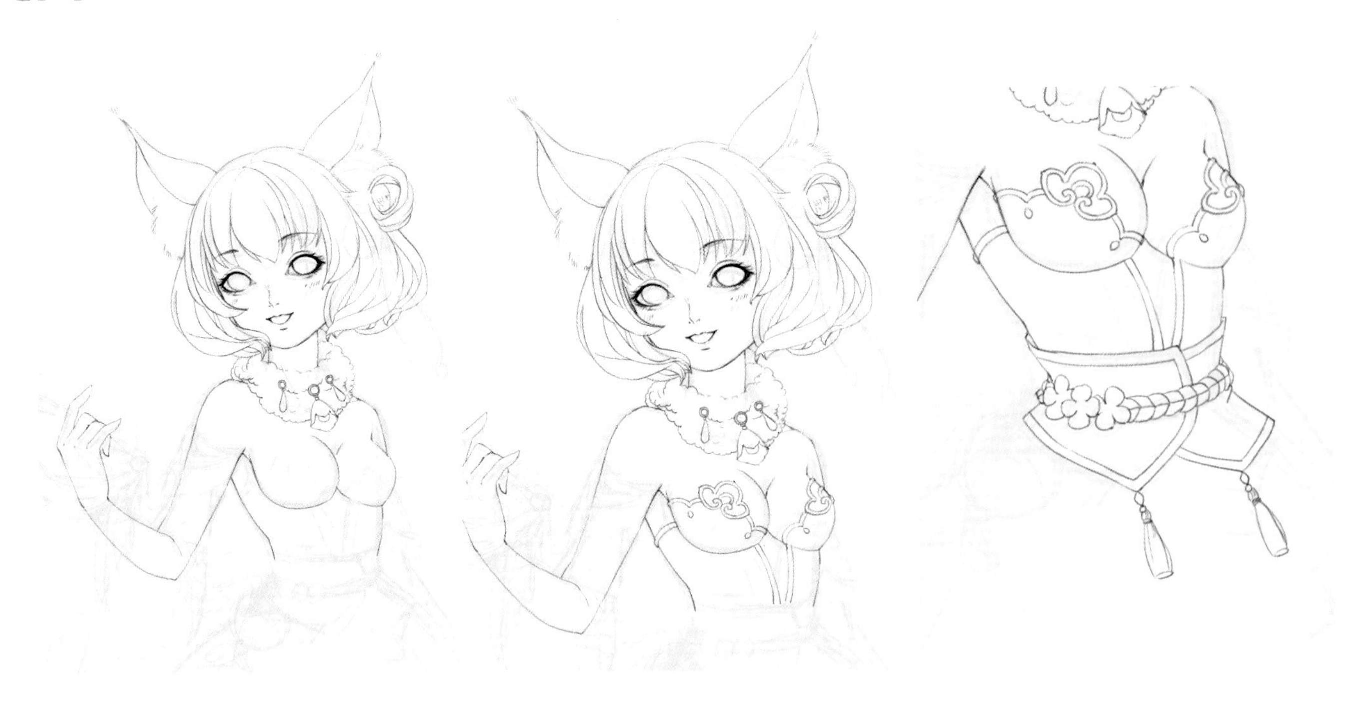

07 新建饰品图层，绘制人物脖子上的装饰物，用小弧线表现出其毛茸茸的材质。

08 绘制出人物胸部的服饰，用细线勾勒出胸部装饰物的花纹。

09 绘制出人物的腰带，腰带绳子的粗细要一致。

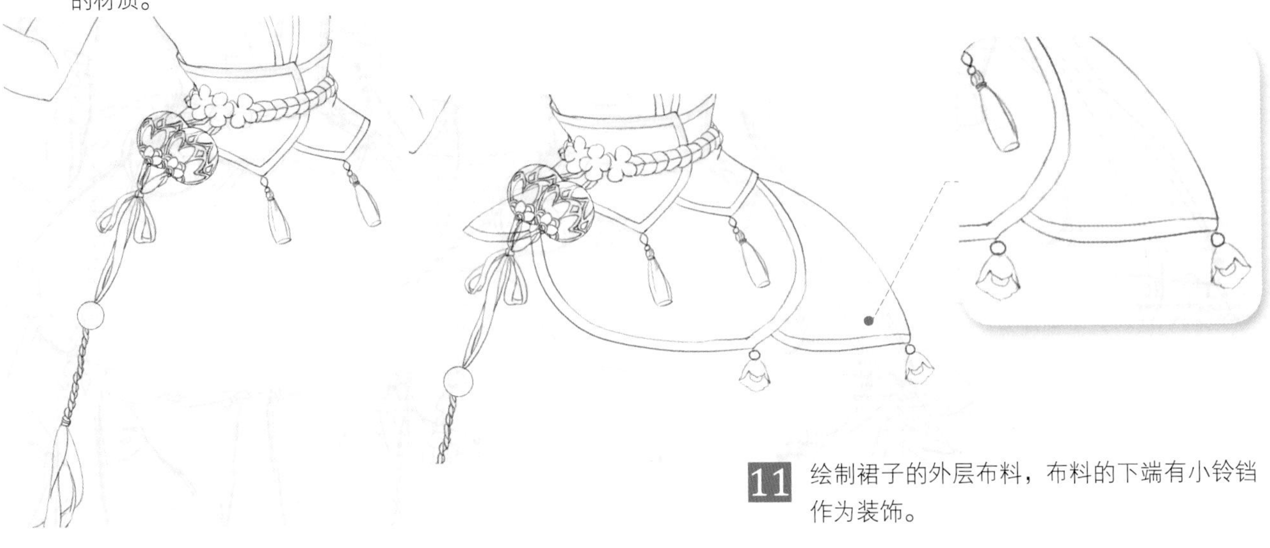

11 绘制裙子的外层布料，布料的下端有小铃铛作为装饰。

10 用自定形状工具绘制出腰部的香囊装饰。

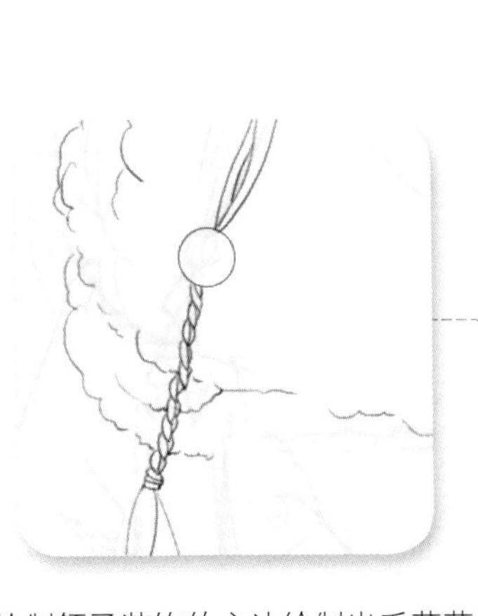

12 用绘制领子装饰的方法绘制出毛茸茸的裙子。

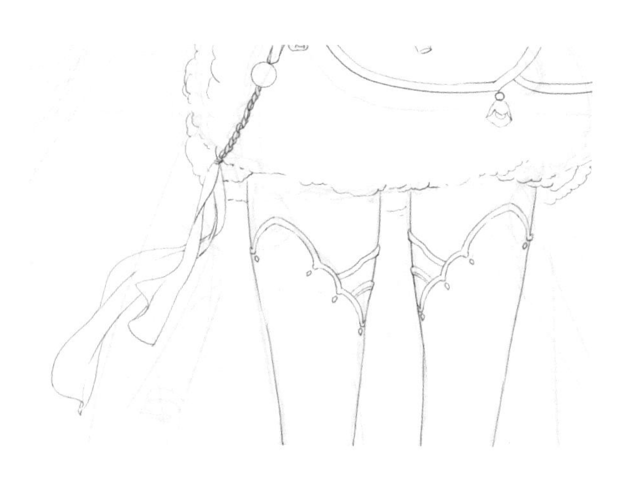

提示

大腿是有体积感的，在绘制的时候可以将其想象成圆柱体进行绘制，在绘制大腿前可以多参考人体肌肉图。

13 绘制出人物的大腿，由于受人体结构的影响，两条腿的袜子的透视是不一样的。

14 补充完人物的小腿，由于人物的重心在左腿上，因此右腿的线条相应要放松一点，透视也靠后一些。

15 绘制出人物的头饰，头上的 3 朵小花的朝向是不一样的。

16 绘制出头饰上的细线装饰，线条的粗细要保持一致。

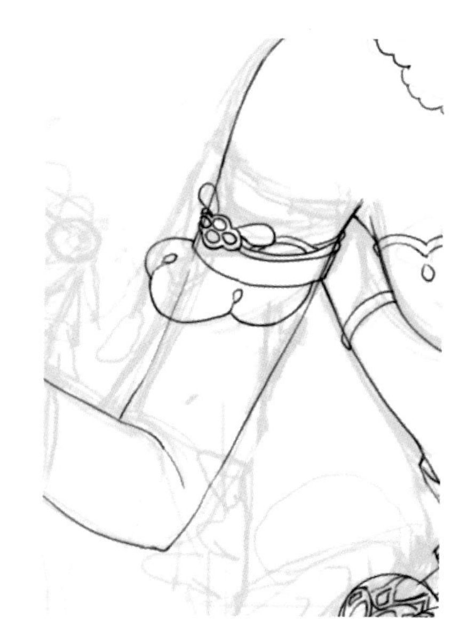

17 绘制出人物肩膀上的装饰，肩膀的装饰是有厚度的。

18 补充完垂坠的袖子，袖子的边缘是花瓣状的，衣褶多产生在手肘处。

19 人物的袖子是薄纱材质的，新建薄纱图层绘制上线条。

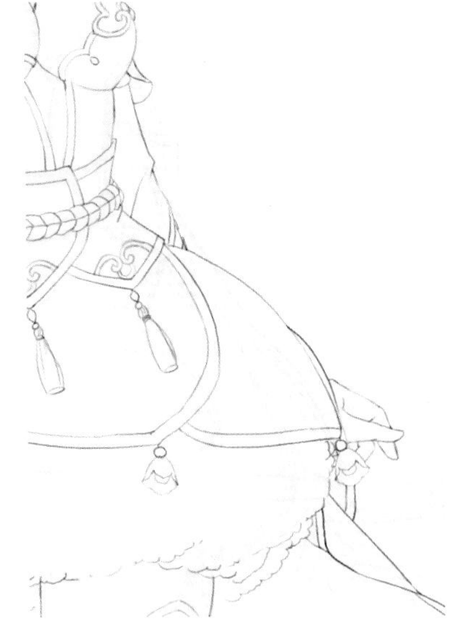

提示

手掌的透视是多种多样的，很少会出现全正或全侧的手掌，多加练习就能较好地把握手掌的透视结构了。

20 绘制完另一边的袖子，手臂的姿势会影响袖子的形态。

21 靠后的手捏着飘起的缎带，要绘制出空间的透视感。

22 新建武器图层，绘制出人物手上的武器。

23 补充武器上的装饰花朵，用花朵的朝向表现出花球的空间感。

24 绘制出武器缎带的线条，人物部分的线稿就绘制完成了。

5.2.2 草地背景线稿的描绘

绘制出画面的地面背景，草地的感觉通过后期的色彩塑造表现，这里绘制出比较明显的花草线条就可以了。

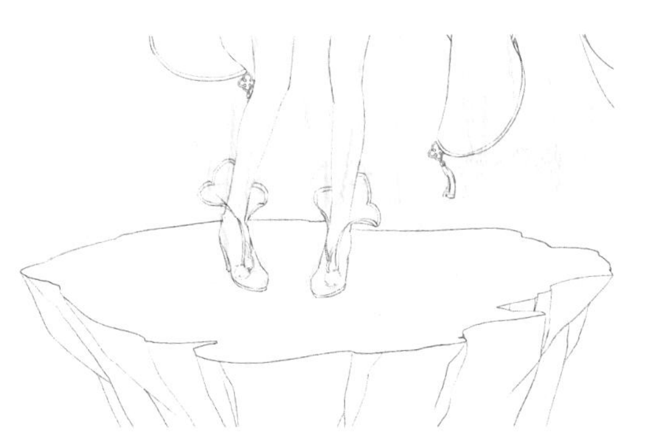

01 绘制出人物踩着的地面。

02 绘制出左边地面的蘑菇。

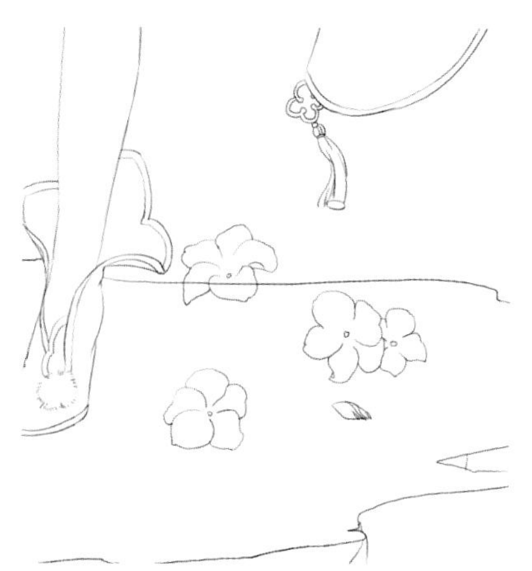

03 绘制出散落的几朵小花，每朵小花的朝向是不一样的。

04 补充完花丛的叶子线条。

05 绘制出铃兰花的叶子线条。

06 补充完铃兰花的花朵，注意花朵的朝向是不一样的。

07 将多余的线条擦除，然后将所有的线稿图层进行合并，画面线稿就绘制完成了。

5.3 萌族少女的颜色绘制

可爱造型的游戏角色的配色以清新、明快为主，这里选择的是以浅黄色为主的颜色搭配，从而更显得少女娇俏、可爱。

5.3.1 整体色调的搭配

游戏人物的服饰大多会选择一个色彩作为主色调，再穿插其他颜色搭配，主色调能表现出服饰的大致属性和人物性格。这里选择浅黄色作为服饰的主色调，搭配紫色的武器飘带、蓝色的腰带、白色的裙子、黑色的袜子等，使整个服饰统一却不单一。

确定出整体的颜色搭配方案就可以分图层绘制底色了，溢出的色彩用橡皮擦工具进行擦除。

萌族少女颜色表

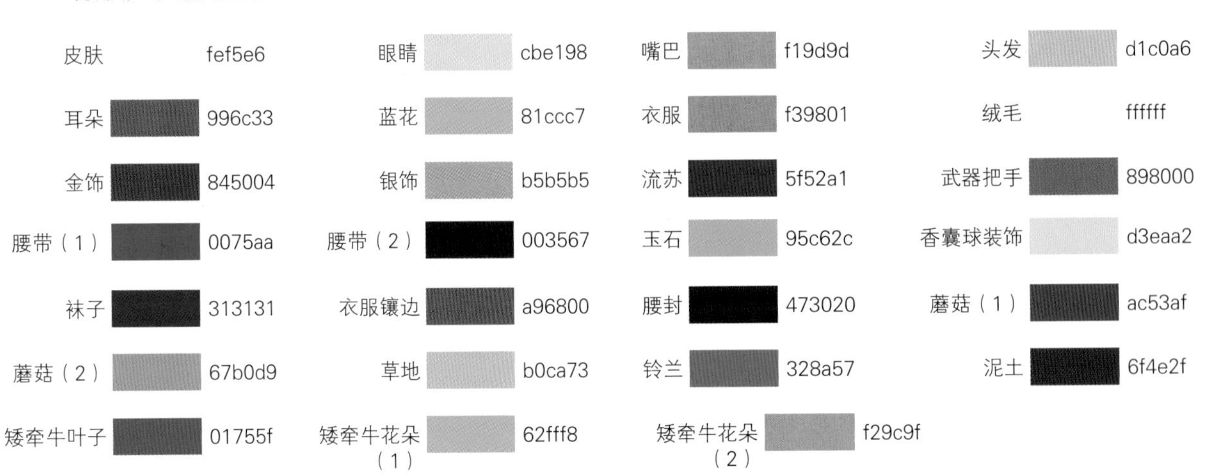

部位	色值	部位	色值	部位	色值	部位	色值
皮肤	fef5e6	眼睛	cbe198	嘴巴	f19d9d	头发	d1c0a6
耳朵	996c33	蓝花	81ccc7	衣服	f39801	绒毛	ffffff
金饰	845004	银饰	b5b5b5	流苏	5f52a1	武器把手	898000
腰带（1）	0075aa	腰带（2）	003567	玉石	95c62c	香囊球装饰	d3eaa2
袜子	313131	衣服镶边	a96800	腰封	473020	蘑菇（1）	ac53af
蘑菇（2）	67b0d9	草地	b0ca73	铃兰	328a57	泥土	6f4e2f
矮牵牛叶子	01755f	矮牵牛花朵（1）	62fff8	矮牵牛花朵（2）	f29c9f		

5.3.2 ▸ 绘制少女皮肤的质感

少女的眼睛比较大，鼻子和嘴巴比较小巧，脸部结构比较柔和，在绘制五官时可以突出眼睛的神采。

01 锁定皮肤颜色图层的不透明度，选择“柔边圆压力不透明度”画笔，区分出皮肤的大致明暗。

02 用深一层的色彩加深眼角和脖子底部的阴影。

03 将画笔的直径调小，初步塑造出皮肤的大致结构。

04 选择“硬边圆压力不透明度”画笔，用肉色刻画出脸部的大致阴影。

05 用吸色涂抹的方法使所绘制阴影的过渡更加柔和。

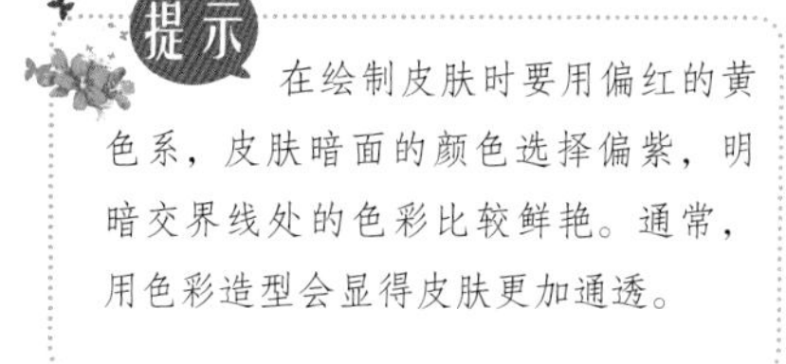

提示

在绘制皮肤时要用偏红的黄色系，皮肤暗面的颜色选择偏紫，明暗交界线处的色彩比较鲜艳。通常，用色彩造型会显得皮肤更加通透。

06 选择“柔边圆压力不透明度”画笔，降低画笔的不透明度，调整脸部的整体明暗。

07 选择纯度较高的肉色绘制明暗交界线和眼尾，使脸部的色彩更加自然。

08 选择“柔边圆压力不透明度”画笔，绘制出身体皮肤的大致明暗。

09 选择“硬边圆压力不透明度”画笔，用深色加深皮肤的阴影，使头部和身体的色彩统一。

10 增添皮肤的色彩层次，选择鲜艳的颜色绘制明暗交界线和关节处，再用浅蓝灰绘制出皮肤的反光。

11 修饰绘制的皮肤色彩，使颜色的过渡更加柔和。

5.3.3 绘制少女可爱的五官

少女的五官给人可爱的感觉，由于眼睛是画面的视觉中心点，在绘制五官时要突出双眼的感觉。

01 锁定眼睛颜色图层的不透明度，选择“柔边圆压力不透明度”画笔，绘制出瞳孔和上眼皮的投影。

02 选择橄榄绿加深眼睛的深色，橄榄状的瞳孔能表现出少女种族的特征。

03 用偏蓝的深绿色加深眼睛瞳孔，在上眼皮的投影处增添浅紫灰色的反光。

04 将画笔模式设置为“线性光”，用浅色增添眼球的光感，再用深色绘制出瞳孔的感觉。

05 将画笔的直径设置为 3 像素，用浅绿色点缀出眼球细小的亮面。

06 在上眼皮边缘的反光处点缀上蓝灰色的光点。

07 修饰眼球的细节色彩，使整个眼睛更加闪亮。

08 用白色点缀上眼球的高光，注意两个眼球的高光方向是一致的。

09 细化眼球的眼白，眼白的阴影可以选择浅蓝灰色绘制。

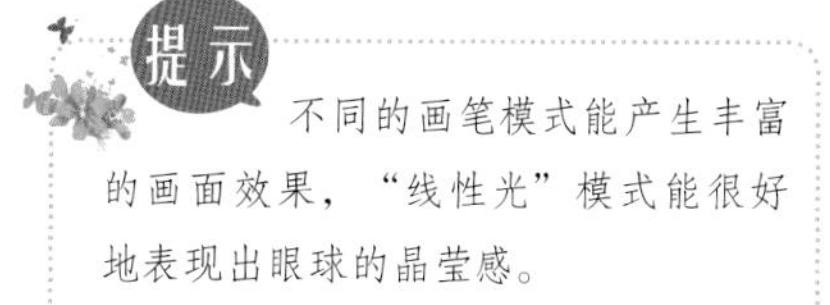

提示

不同的画笔模式能产生丰富的画面效果，“线性光”模式能很好地表现出眼球的晶莹感。

10 少女嘴部的颜色绘制出渐变感即可，再用浅粉色绘制出上嘴唇的底色。

11 用肉粉色加深嘴唇的阴影，在嘴角处要点缀上深色。

提示

在绘制嘴唇的时候，上嘴唇的色彩一般要比下嘴唇的深一点。

12 用白色点缀出嘴唇的高光。由于嘴唇是有唇纹的，所以高光也是细小地分布在受光面。

13 修饰嘴巴附近的皮肤的颜色，嘴角的下端用亮色强调结构。

5.3.4 柔软头发的绘制

少女的头发很柔软，头发是贴合在头骨上的，形体转折与头骨保持一致。

01 选择“柔边圆压力不透明度”画笔，用棕色区分出头发的大致明暗。

02 用“硬边圆压力不透明度”画笔绘制出发簇之间的阴影。

03 选择浅棕色点缀出头发的受光面。

04 用吸色涂抹的方法修饰所绘制的色彩。

05 用深棕色加深阴影，增强头发的体积感。

06 再次修饰头发的色彩，使明暗颜色的过渡更加柔和。

提示

头发虽然形态多变，但大的明暗分布除了受发型影响之外还受头骨结构的影响。

5.3.5 使用小直径画笔表现出耳朵的质感

毛茸茸的耳朵能表现出少女的种族特征，耳朵分为两个部分，即上端的棕毛和下端的绒毛，在绘制的时候要区分出两种毛的质感。

01 选择“柔边圆压力不透明度”画笔，绘制出耳朵的大致明暗。

02 用“硬边圆压力不透明度”画笔加深耳朵的明暗效果。

03 初步塑造出耳朵的明暗层次，选择浅棕色绘制耳朵的亮面。

04 将画笔的直径调小，点缀出耳朵的亮面和反光，棕色绒毛部分就绘制完成了。

05 选择“柔边圆压力不透明度”画笔，用浅紫灰色绘制出白色绒毛的暗面部分。

06 将画笔的直径调小，点缀出绒毛的颗粒感。

07 细化绒毛的颗粒感，加深绒毛的明暗交界线，增添反光的色彩。

08 用同样的方法绘制出毛绒裙摆的大致明暗。

09 调小画笔的直径，点缀出毛绒裙摆的质感。

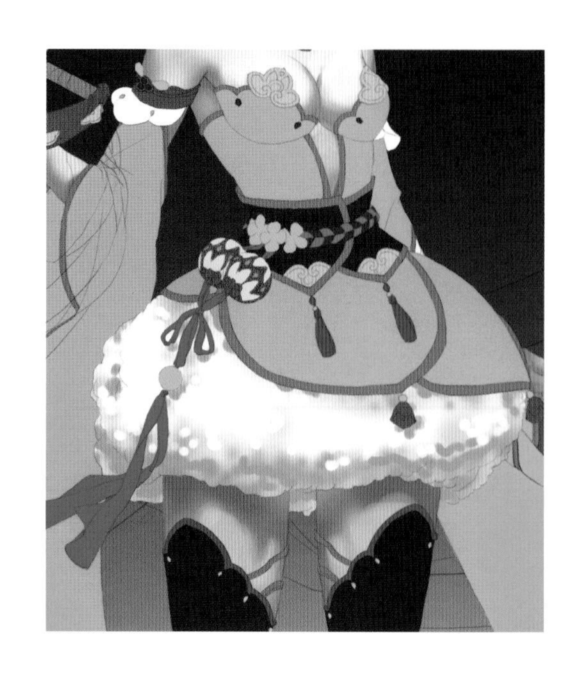

提示 在绘制毛绒裙摆的体积感时要注意整体明暗分布，毛绒的明暗层次与其他材质的不同之处在于明暗层次的边缘线是不规则的。

10 增添反光和高光的绒毛，塑造整个裙摆的体积感。

5.4 服饰材质的表现

服饰由不同的材质组成，毛绒材质、绳结材质、布料材质等的表现方法不一样，本节分材质绘制服饰部分。

5.4.1 黄色布料的绘制方法

布料材质具有质感柔软、形态变化大、褶皱多、高光和反光均不明显等特点，在绘制的时候要通过颜色进行形态的塑造。

01 选择“柔边圆压力不透明度”画笔，用浅棕黄区分出大致明暗。

02 选择“硬边圆压力不透明度”画笔，用深色绘制出布料褶皱。

03 在阴影处增添反光色彩，将画笔的不透明度降低，选择浅紫灰在反光处绘制。

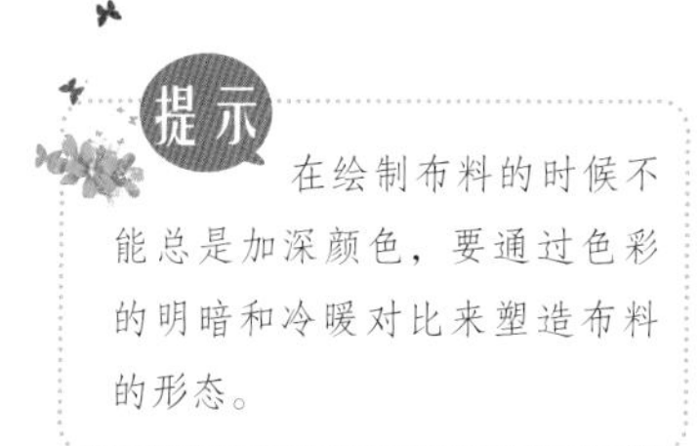

提示

在绘制布料的时候不能总是加深颜色，要通过色彩的明暗和冷暖对比来塑造布料的形态。

04 选择“柔边圆压力不透明度”画笔，降低画笔的不透明度，用浅黄色绘制亮面，进一步加强布料的明暗对比。

05 调整所绘制布料的色彩，加强整体的空间感。

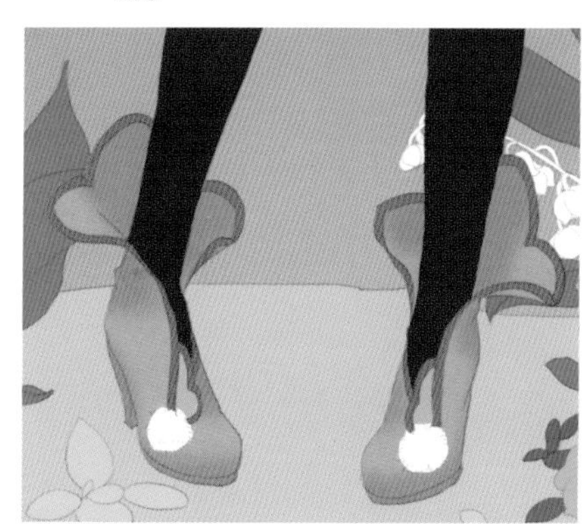

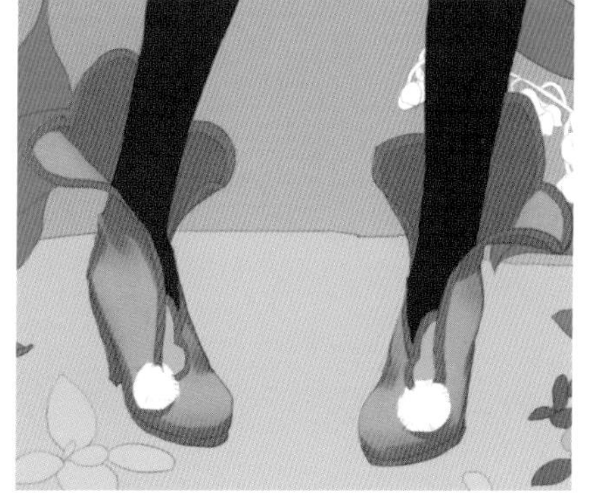

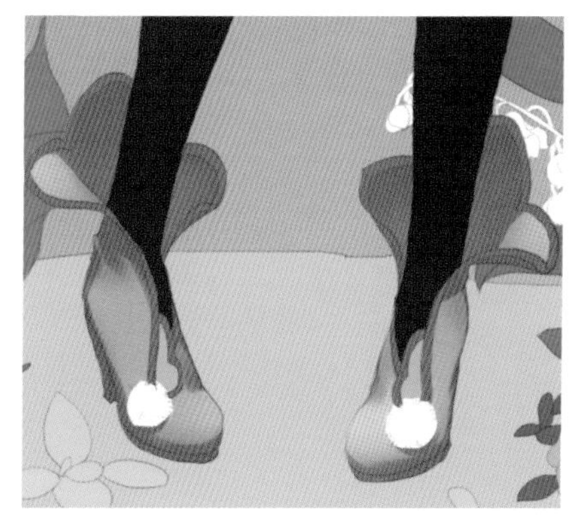

06 鞋子的形态是比较固定的，选择“柔边圆压力不透明度”画笔区分出大致明暗。

07 用“硬边圆压力不透明度”画笔绘制出鞋子的具体明暗。

08 选择“柔边圆压力不透明度”画笔，在反光处绘制浅紫灰色。

提示

鞋子的褶皱多产生在脚趾根部和脚踝处，在绘制鞋子时对这两个地方要绘制上细小的褶皱效果。

09 在亮面绘制浅黄色，增添鞋子的明暗对比。

5.4.2 丝袜材质的绘制方法

丝袜材质的弹性极大，一般只在脚尖处产生褶皱，丝袜下方的颜色大多会透上来，在绘制的时候要表现出半透明的感觉。

01 锁定丝袜颜色图层的不透明度，用“柔边圆压力不透明度”画笔区分出大致的明暗。

02 将画笔模式设置为“叠加”，选择肉色绘制丝袜的受光面。

03 加深丝袜的暗部颜色，增强明暗对比效果。

04 调小画笔的直径，绘制出膝盖和肌肉的转折阴影。

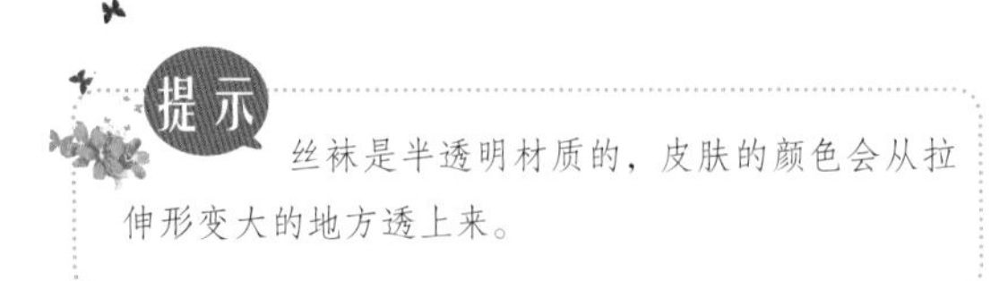

5.4.3 其他部分衣服的绘制

在绘制细小的衣服部分时要根据大的形体进行明暗刻画。

01 选择“柔边圆压力不透明度”画笔，用深色区分出腰带的大致明暗分布。

02 用“硬边圆压力不透明度”画笔刻画出具体的阴影。

03 选择浅棕色绘制腰带的亮面，增添明暗的色彩对比。

04 在反光处绘制浅紫色，丰富腰带的色彩层次。

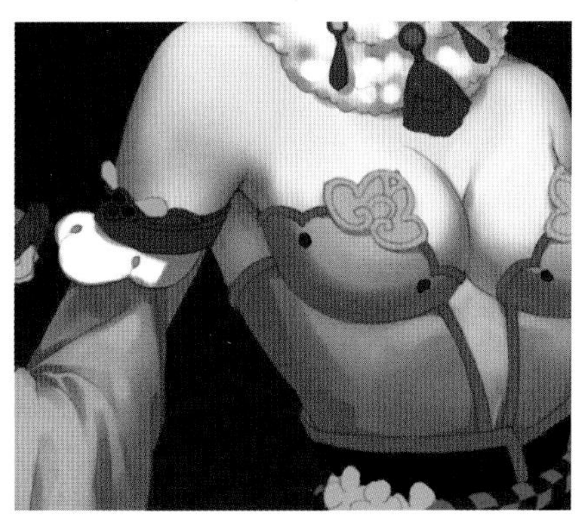

05 选择浅棕灰色绘制出手臂上白色布料的具体阴影。

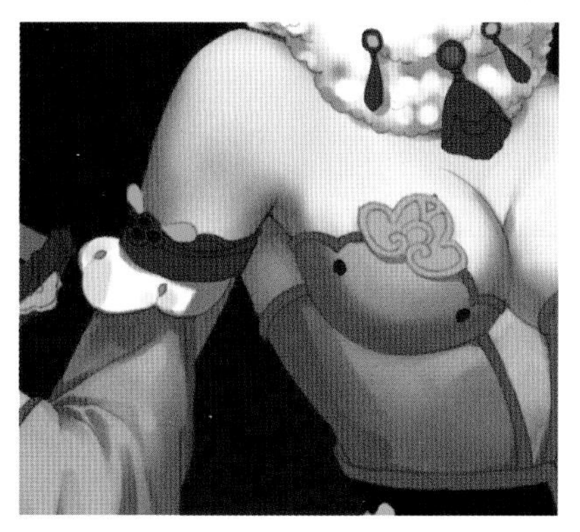

06 降低画笔的不透明度，增添浅色的布料褶皱。

07 选择“柔边圆压力不透明度”画笔绘制出镶边的暗面色彩。

08 用棕色加深暗面的色彩，增添镶边的明暗对比。

09 用同样的方法绘制出鞋子镶边的明暗。

5.4.4 少女头饰材质的塑造

少女头部饰品的材质有绢花、金属、绳带、玉石等，在绘制的时候要分别表现出不同部分的质感。

01 锁定绢花颜色图层的不透明度，用“柔边圆”画笔绘制出花瓣根部的渐变色彩。

02 用“硬边圆压力不透明度”画笔绘制出大致的花瓣阴影。

03 将画笔的直径调小，刻画出绢花的细小褶皱。

04 选择“柔边圆压力不透明度”画笔区分出铃铛的明暗面。

05 增添铃铛的色彩层次，丰富整个铃铛的明暗效果。

06 塑造出铃铛的体积感，在反光处增添浅蓝灰色。

07 选择紫灰色绘制出大致的明暗效果。

08 选择“硬边圆压力不透明度”画笔绘制出具体的绳带阴影。

09 增强绳带的明暗对比，用深色强调明暗交界线和暗部的色彩。

10 绘制出白色花瓣的阴影。

11 选择橄榄绿绘制出玉石的阴影色彩。

12 用白色点缀出玉石的高光。

提示

在绘制饰品时，对细小部分的刻画可以适当简化一些，以节省绘制时间。

5.4.5 衣服饰品的绘制

在绘制衣服上的饰品时，不仅要注意不同饰品的材质区分，还要注意饰品所依附的形体转折变化。

01 用绘制头饰铃铛的方法绘制完裙摆的铃铛，再区分出金饰的大致明暗。

02 用深色加强金饰的明暗交界线，刻画出金饰的体积感。

03 绘制出腰部绢花的体积感。

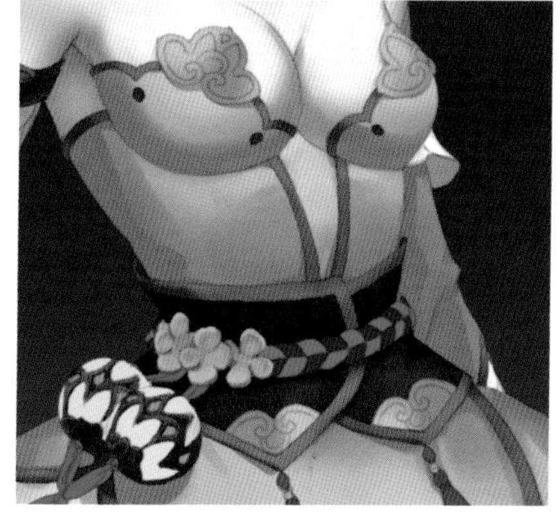

04 选择“柔边圆压力不透明度”画笔区分出银饰的大致明暗。

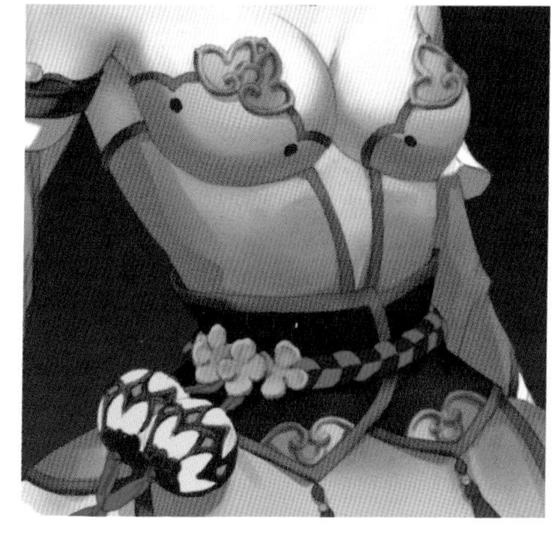

05 选择“硬边圆压力不透明度”画笔刻画出银饰的花纹。

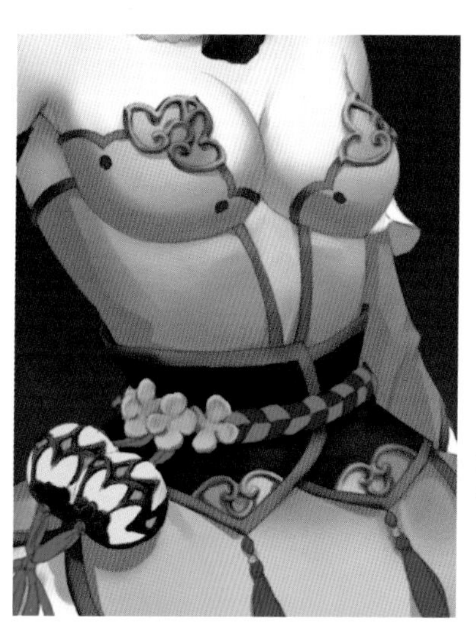

06 用深灰色强调银饰花纹的转折部分，增强体积感。

07 将画笔模式设置为“线性光”，点缀出银饰的亮面色彩。

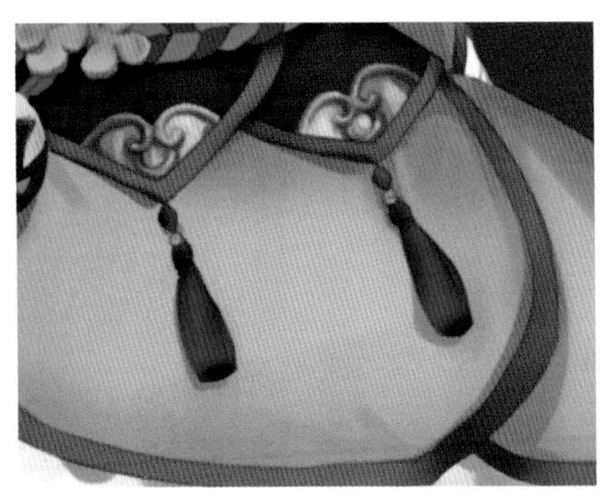

08 锁定流苏颜色图层的不透明度，用“柔边圆压力不透明度”画笔区分出明暗。

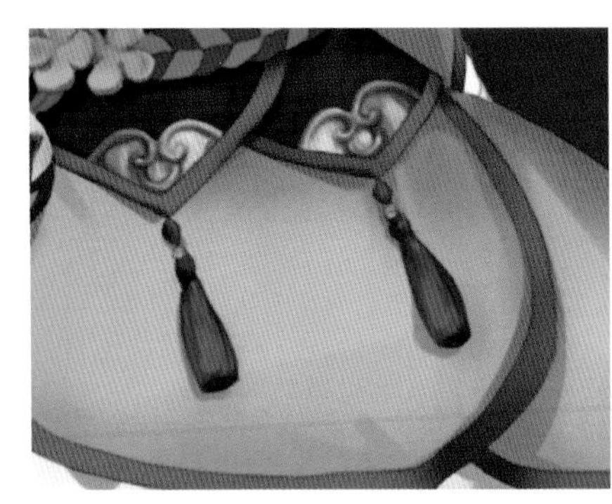

09 选择“硬边圆压力不透明度”画笔点缀出亮面色彩。

10 将画笔的直径调小，塑造出腰部绳子的明暗色彩。

11 选择“硬边圆压力不透明度”画笔绘制出大致的布料褶皱。

12 用深色强调布料的褶皱感。

13 细化布料的褶皱阴影，增添布料的空间感。

14 根据腿部肌肉转折塑造紫色的丝袜镶边。

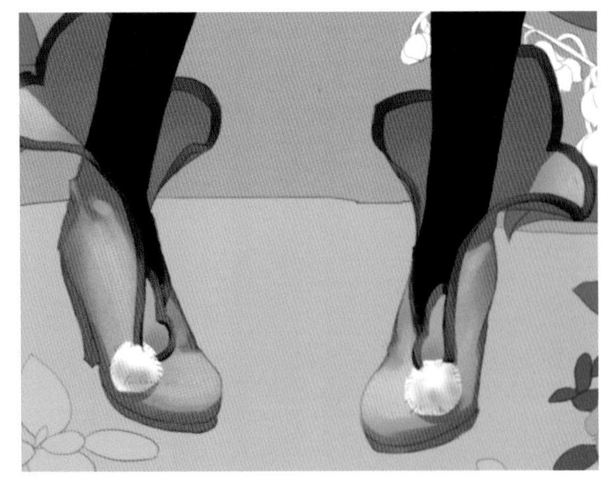

15 绘制出鞋子的装饰细节。

5.5 武器的绘制和材质的表现

武器能表达出使用者的种族、职业和性格特征，武器在画面中所处的地位十分重要，要细心地刻画出材质感。

5.5.1 花铃材质的刻画

花铃由绢花、金属、玉石 3 种材质组成，要塑造出不同材质的体积感，手部与花铃的衔接要自然。

01 选择“柔边圆压力不透明度”画笔区分出绢花的大致明暗。

02 用“硬边圆压力不透明度”画笔绘制出花瓣的阴影效果。

03 细化绢花的阴影，增添亮面的颜色层次。

04 刻画出花瓣中间的褶皱，调整所绘制绢花的色彩。

05 选择“柔边圆压力不透明度”画笔绘制出玉石杆子的暗面色彩。

06 用深色增添杆子的明暗交界线。

07 绘制上反光和高光色彩，增强杆子的体积感。

08 选择棕色绘制出金饰的暗面色彩。

09 用“硬边圆压力不透明度”画笔刻画出金饰具体的暗面效果。

10 选择“柔边圆压力不透明度”画笔，将画笔的不透明度降低，选择浅蓝灰色绘制反光面。

11 塑造花铃的细节，使整体色彩更加自然。

5.5.2 花铃飘带的绘制

花铃的飘带是半透明的材质，在绘制半透明的材质时应先绘制整体的明暗，再塑造出半透明的质感，本节先绘制飘带的整体明暗。

01 锁定飘带颜色图层的不透明度，用“柔边圆压力不透明度”画笔丰富飘带的底色。

02 用“硬边圆压力不透明度”画笔绘制出飘带紫色部分的褶皱。

03 用同样的方法绘制出粉色飘带部分的褶皱。

04 加深飘带的明暗交界线，增添颜色的层次感。

05 用紫灰色和粉灰色分别绘制出飘带的灰面层次。

06 选择浅橘色绘制出护腕的大致明暗。

07 增添护腕的颜色层次，用亮色点缀出护腕的边线和亮面。

08 降低护腕颜色图层的不透明度，制作出护腕半透明的感觉。

5.6 整体背景的绘制

背景物体的刻画比主体简单一点，用来衬托主体物和烘托画面氛围。这幅插画的背景物都是花草，反光、高光均不明显。

5.6.1 主体花草的绘制

花草的颜色过渡十分柔和，受环境色的影响较小。花草是背景物体，明暗对比要比主体人物弱。

01 选择“柔边圆压力不透明度”画笔区分出蘑菇伞盖的明暗面。

02 进一步塑造出蘑菇伞盖的体积感。

03 绘制出蘑菇埂的体积感。

04 选择“柔边圆压力不透明度”画笔区分出叶子的层次感。

05 用“硬边圆压力不透明度”画笔刻画出叶子之间的阴影。

06 修饰所绘制阴影的色彩，勾勒出叶子的脉络。

07 用“柔边圆压力不透明度”画笔绘制出花瓣的渐变感。

08 选择“硬边圆压力不透明度”画笔绘制出花瓣的褶皱感。

09 修饰绘制的花瓣阴影，使花丛的色彩更加自然。

10 绘制风铃花的叶子，选择“柔边圆压力不透明度”画笔绘制出叶子的暗面色彩。

11 用“硬边圆压力不透明度”画笔加深阴影。

12 修饰所绘制叶子的颜色，塑造整体的体积感。

13 用“硬边圆压力不透明度”画笔绘制出风铃花梗的体积感。

14 加深风铃花梗的暗面色彩，注意花梗是圆柱形的。

15 选择“柔边圆压力不透明度”画笔，用浅绿灰色绘制出暗面色彩。

16 加深花朵明暗交界线的色彩。

17 塑造花朵的体积感，增添浅蓝灰的反光色。

18 用同样的方法绘制完剩下的花草。

提示

花朵的颜色大多为固有色的变化，明暗和冷暖的变化是比较小的。

5.6.2 背景草地的绘制

在绘制草地时表现出整体的空间感即可，细节部分不用绘制得太具体。

01 选择“柔边圆压力不透明度”画笔绘制出大的空间感。

02 选择“硬边圆压力不透明度”画笔，降低画笔的不透明度，绘制草地的阴影。

03 绘制出泥土的暗面色彩。

04 用“柔边圆压力不透明度”画笔绘制浅蓝灰的反光色。

05 调整所绘制的色彩，整幅插画的初步塑造就完成了。

5.7 人物的细化

初步塑造完成之后就是对整体的细化绘制了，细化绘制以细节的塑造为主，用来增添画面的耐看度。

5.7.1 细化少女的皮肤

少女的皮肤光滑水润，仿佛散发着水果的香味，用“柔边圆压力不透明度”画笔细心修饰出皮肤的质感。

01 增添脸部的色彩，丰富皮肤的颜色层次。

02 选择“柔边圆压力不透明度”画笔，降低画笔的不透明度，修饰脸部皮肤的质感。

03 调小画笔的直径，绘制出鼻头的体积感，并用浅紫灰色绘制出皮肤的反光。

提示

脸部是整幅画面的视觉中心点，所以对脸部的皮肤细节要塑造得最到位。

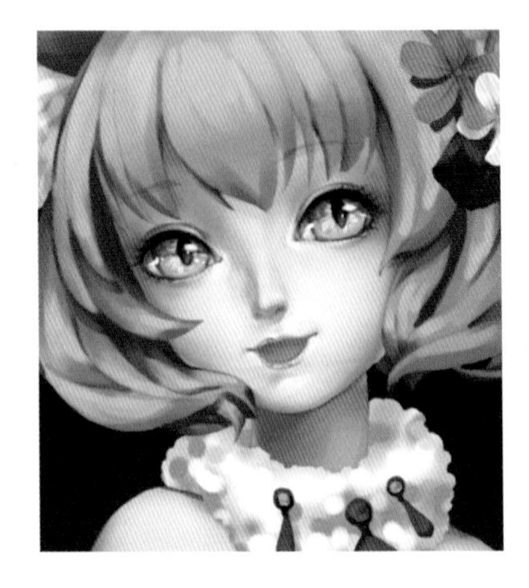

04 选择浅蓝白色点缀出皮肤的高光。

05 选择深色刻画出鼻子的明暗交界线。

06 塑造出鼻底的反光结构，绘制出人中的阴影。

07 丰富五官的细节，将画笔模式设置为“叠加”，调整脸部的色彩。

08 调整脸部的细节色彩，增添皮肤的明暗对比。

09 将画笔模式设置为“叠加”，选择橘色绘制明暗交界线处。

10 细化身体的皮肤，用深色加强明暗交界线。

11 在明暗交界线与亮面相接处增添浅橘色。

12 调整所绘制皮肤的颜色，增强皮肤的体积感。

13 细化画面右边的手掌，修饰所绘制上半身的色彩。

14 加深大腿的明暗交界线，暗面选择偏紫的色彩。

15 用浅色提亮大腿的亮面色彩。

16 修饰所绘制的色彩，使大腿的颜色过渡更加柔和。

5.7.2 使用小直径画笔细化头发和绒毛

头发和绒毛的细化是原画绘制中较难的部分，先绘制整体的明暗转折，再用小直径画笔塑造毛发的质感是较好的方法。

01 选择“柔边圆压力不透明度”画笔，加深头发的暗面色彩。

02 选择“硬边圆压力不透明度”画笔，将画笔的直径调小，勾勒出亮面的发束。

03 将画笔模式设置为“叠加”，在明暗交界线处增添棕黄色。

04 再次细化亮面发丝，增添头发的层次感。

05 用浅黄色点缀出头发的高光部分。

06 将画笔模式设置为“叠加”，加强头发的反光色彩，头发部分绘制完成。

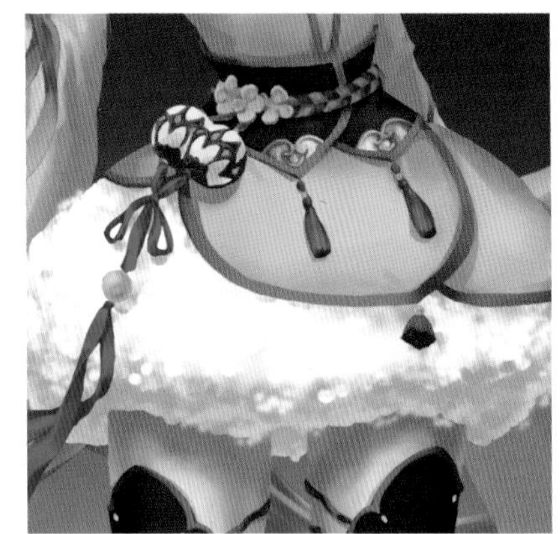

07 选择“硬边圆压力不透明度”画笔，将画笔的直径设置为两像素，细心地勾勒出耳朵的毛绒线条。

08 选择“柔边圆压力不透明度”画笔，降低画笔的不透明度，增添颗粒绒毛的层次感。

09 用同样的方法细化裙子的质感。

提示

绒毛材质与头发的绘制方法一样，都要在把握大的明暗关系后进行细化。

5.7.3 布料的深入刻画

布料的细化主要在于褶皱的刻画，刻画褶皱要在把握整体明暗的情况下进行。

01 选择“柔边圆压力不透明度”画笔增添衣服的颜色层次。

02 将画笔的直径调小，用暗色加深明暗交界线。

03 在反光面增添浅蓝灰色。

04 绘制出飘带在袖子上的投影，塑造衣服的体积感。

05 选择浅黄色增添亮面色彩。

06 修饰所绘制的黄色衣服，细化褶皱结构。

07 修饰衣服的镶边部分，用深色刻画出镶边的阴影。

08 细化镶边的厚度感，增添整体的体积感。

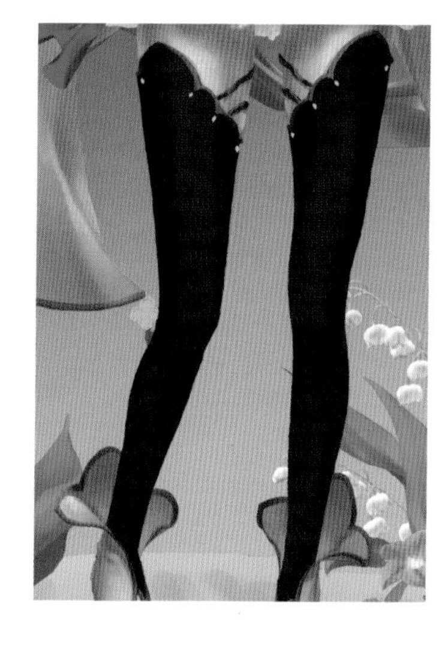

09 细化丝袜的质感，并选择“柔边圆压力不透明度”画笔，将画笔模式设置为“叠加”，加深腿部两边颜色。

10 选择浅紫灰色绘制出反光色彩。

11 将画笔模式设置为“叠加”，用肉色绘制丝袜的受光面。

12 选择“硬边圆压力不透明度”画笔，绘制丝袜的高光。

13 修饰所绘制衣服的色彩。

14 增添服饰的环境色，整个衣服部分就细化完成了。

15 加强腰带的明暗交界线色彩。

16 用“硬边圆压力不透明度”画笔绘制出绳结的投影。

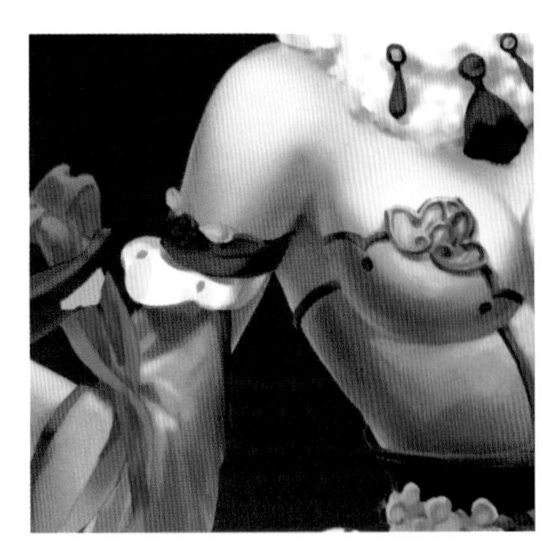

17 细化手臂上的白色花瓣。

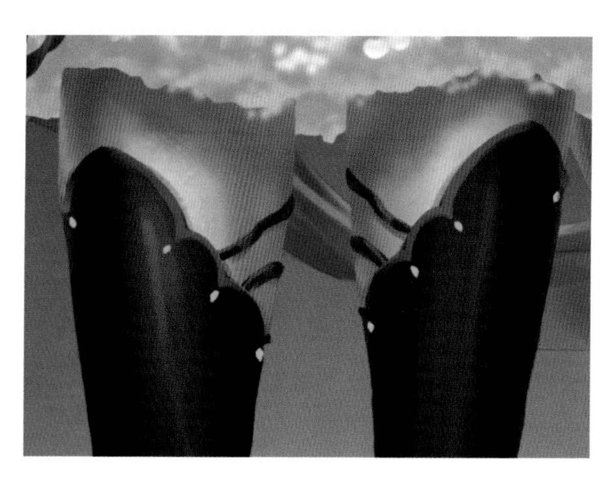

18 细化紫色的袜子镶边，加深镶边的明暗交界线。

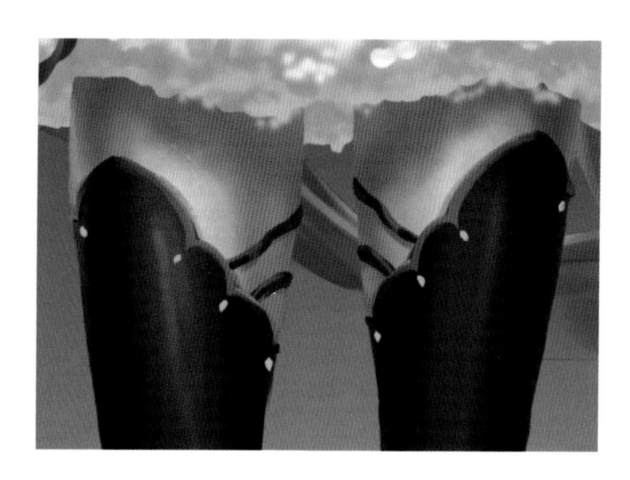

19 刻画出镶边的厚度感。

5.7.4 饰品的细节塑造

饰品的材质不同，塑造方法也不一样。在绘制细节时不一定要将细节绘制得很真实，但要表现出可爱的感觉。

01 细化头饰的绢花，用“柔边圆压力不透明度”画笔增添绢花的色彩。

02 选择浅色点缀出绢花的亮面，再用白色绘制出花蕊。

03 将画笔模式设置为“线性光”，绘制出金属的高光，金色的铃铛就塑造完成了。

04 塑造绳子的体积感，绳子是圆柱形的，明暗过渡比较柔和。

05 用“线性光”模式绘制出宝石的光感。

06 用绘制头部金饰的方法绘制颈部的金饰。

07 选择“硬边圆压力不透明度”画笔，将画笔模式设置为“线性光”，绘制出银饰的光泽感。

08 点缀出金饰的高光，塑造出金饰的质感。

09 将画笔的直径调小，加深腰部绳子的暗色。

10 将画笔模式设置为“叠加”，增添香囊球的光感。

11 细化腰部的飘带，绘制出蓝色小球的光感。

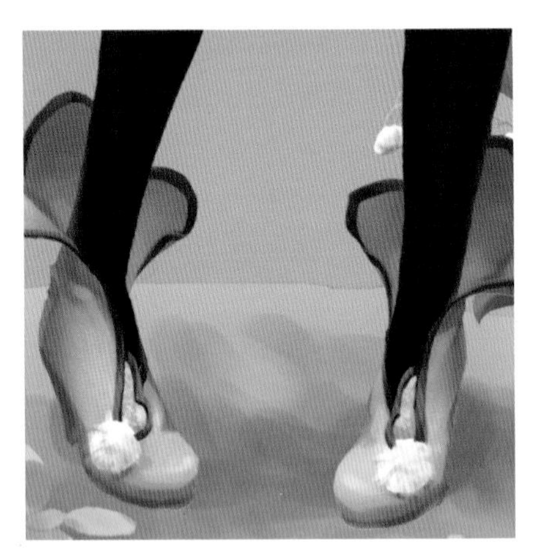

12 用同样的方法细化人物的鞋子，用小细线勾勒毛绒小球的质感。

5.8 武器的细化

武器的精细度应与人物保持一致，飘带的半透明材质要表现出来。

提示

在绘制花球时，要把花球想象成由不同朝向的花朵组成的球体。

01 选择“硬边圆压力不透明度”画笔，塑造出花球的体积感。

02 用白色点缀出花朵的花蕊，注意花朵的朝向不同，花蕊的形态也不一样。

提示

将画笔模式设置为“线性光”能很好地表现出金属的质感，高光和反光都能很好地表现出来。

03 将画笔模式设置为“线性光”，塑造出金饰的光感。

04 绘制出银饰的体积感。

05 绘制出护腕的纹理感觉。

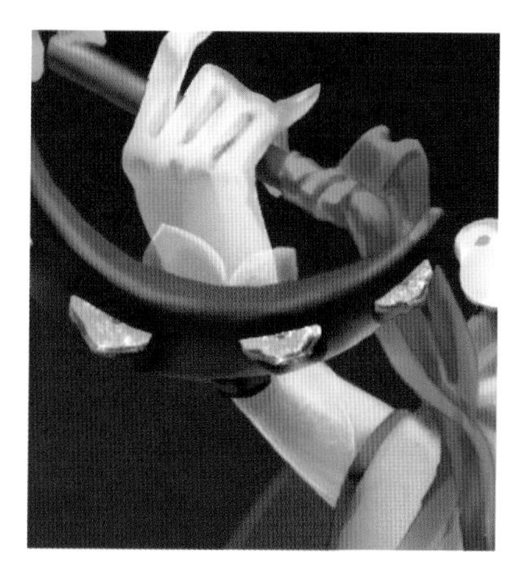

06 在反光处增添浅蓝灰色，然后在亮面增添浅白色。

07 选择“硬边圆压力不透明度”画笔，加深飘带的明暗交界线。

08 修饰所绘制飘带的颜色，加强整体的空间感。

09 降低飘带颜色图层的不透明度，飘带半透明的感觉就出来了。

5.9 增添背景空间感

背景是为了衬托人物、丰富画面而存在的。背景对整体空间起到一个强调作用，背景的空间感相对主体人物来说更加明显。

01 选择“硬边圆压力不透明度”画笔，将画笔的直径调小，用浅色点缀出蘑菇亮面的光感。

02 用深绿色强调叶子的形态。

03 丰富矮牵牛花和蘑菇的灰面层次。

提示

不同植物的叶子脉络不同，常见的叶子脉络有网状、平行状、汇聚状等，要根据植物种类绘制叶子脉络。

04 细化风铃花的叶子，用深色强调叶子的形态，用浅色点缀出叶子的高光，并用小笔触表现出叶子的脉络。

05 用同样的方法绘制左侧的风铃花。

06 选择“硬边圆压力不透明度”画笔，将画笔的不透明度降低，点缀出草丛的层叠感。

07 选择 1.2.2 节中设置的“草地 2”画笔，用不同的颜色绘制出草丛的质感。

08 丰富草丛的质感，塑造出土地的体块感，画面背景物就绘制完成了。

5.10 使用图层模式塑造画面氛围

画面氛围的绘制并不复杂，但对画面氛围能起到画龙点睛的作用，尤其是游戏原画，画面中的魔法、光效等都属于画面氛围。

01 为黄色的衣服增添花纹，这里选择默认画笔中的“特殊效果画笔”，选择“花瓣水晶”画笔，用浅黄色绘制花纹。

02 将花纹所在图层的模式设置为“叠加”，花纹就能很好地与衣服贴合在一起了。

03 选择“杜鹃花串”画笔，取消“形状动态”“散落”的勾选，将画笔模式设置为“叠加”，绘制出衣服边缘的花纹。

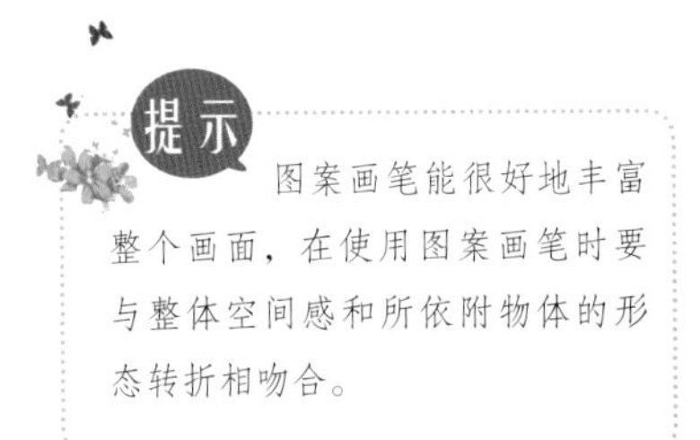

提示

图案画笔能很好地丰富整个画面，在使用图案画笔时要与整体空间感和所依附物体的形态转折相吻合。

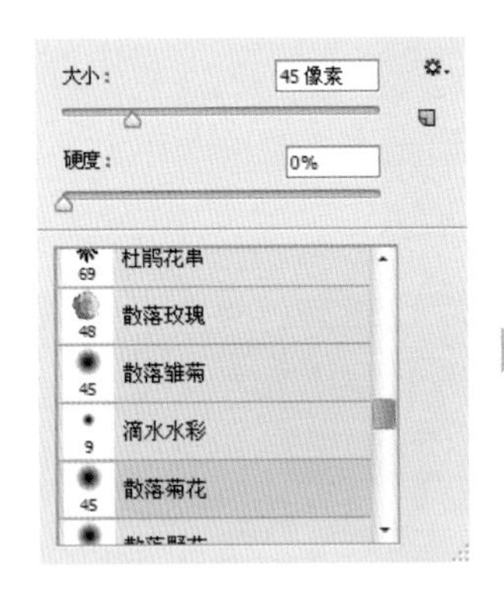

04 选择“散落菊花”画笔，降低画笔的不透明度，然后新建“白色”图层，点缀上白色花纹。

05 选择“缤纷蝴蝶”画笔，将画笔按 1.2.2 节中进行设置，然后新建“蝴蝶”图层，绘制上散落的蝴蝶。

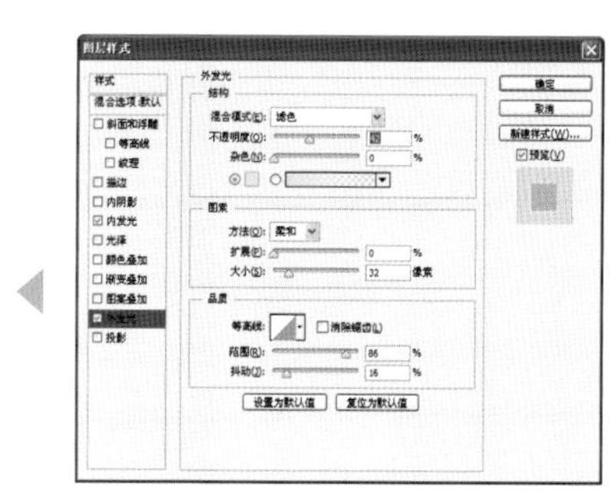

使用图层样式能制作出丰富的画面效果，节省绘制时间。

06 双击“蝴蝶”图层的名称，在弹出的对话框中设置图层样式，使蝴蝶具有光效感。

07 选择“大涂抹炭笔”增添背景纹理。

08 选择“柔边圆压力不透明度”画笔，将画笔模式设置为“叠加”，增添背景颜色和光感。

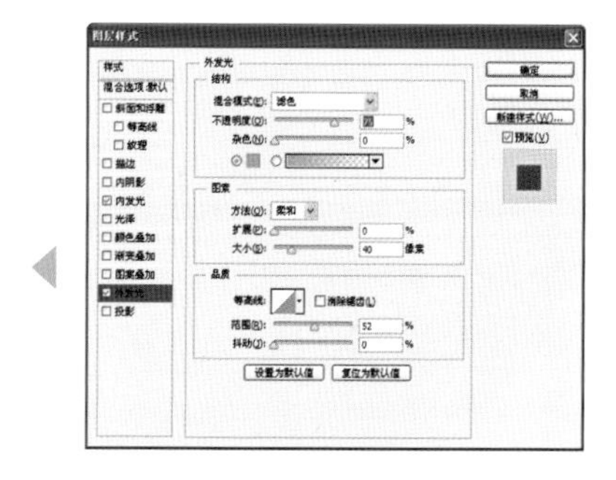

09 新建“星星”图层，选择“星形70像素”画笔，点缀大小不一的星星，然后设置图层样式，使星星具有发光的感觉。

10 调整所绘制颜色的细节，这张原画就完成了。

狐幻

6.1 两人组合构图分析

对于多人组合的原画在构图时要把握好画面的整体节奏感，由于本章想绘制一对狐狸族的青年男女，所以选择有互动表现的人物构图会更贴合画面主题。飘起的人物能表现出仙侠风的设计主题，画面中女子与男子是相互凝视的，这样能表现出人物的互动感，飞扬的衣褶和发丝能表现出画面动感。

狐狸族最明显的特征是人物长有毛茸茸的耳朵和尾巴，尾巴的条数并不一致，这里为方便构图采用了 3 条尾巴的背景设定。由于是玄幻风的画面，所以服饰设定要具有中国风的元素，盘扣、发簪、绣花鞋等元素都能表现出中国风的感觉。在确定了大致的画面构想之后就可以开始进行草稿的绘制了。

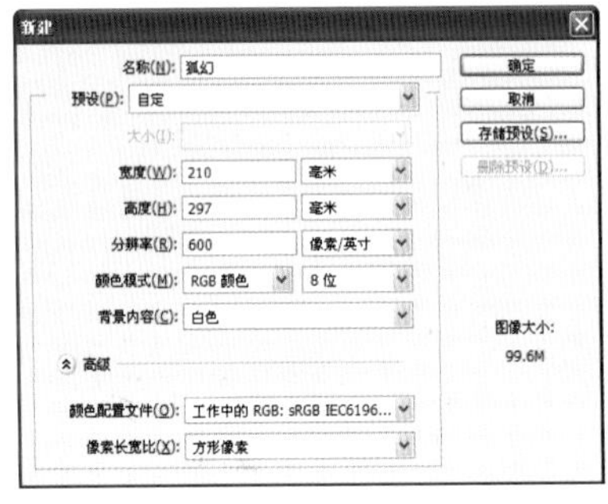

01 打开 Photoshop 软件，执行“文件”|“新建”命令，弹出“新建”对话框，将数值设置为图中所示的模式，单击“确定”按钮，一张可供使用的画布就创建完成了。

02 选择“硬边圆压力不透明度”画笔，将画笔的直径和不透明度调整一下，绘制上预先构思好的画面草稿。

6.2 两人画面线稿的绘制

双人组合的画面要注意前后人物的遮挡关系，这样能突出整个画面的空间感。

6.2.1 少女线稿的绘制

少女的体态比较柔美，肌肉的线条十分柔和，用平滑的线条绘制出少女的线稿。

01 新建“线稿”图层，选择“硬边圆压力不透明度”画笔，将画笔的直径设置为3像素，绘制出少女脸部的线条。

提示

飘逸的头发是从头顶往下延伸的，绘制这种头发要把握好大致的发髻方向，然后在周围添加细小的发丝作为点缀。

02 绘制出少女的头发线条，脸颊两边的头发要绘制出飘逸的感觉。

03 绘制完剩下的头发线条，发束之间的穿插要表现准确。

04 绘制出人物胸部的服饰线条，注意立领的褶皱比较小，衣服是贴身穿着的。

05 绘制出人物右手的手臂线条，对于狐狸少女可以绘制出细长的指甲。

06 绘制出少女的腰部线条和裙子下摆。

07 绘制出少女的腿部线条，少女腿部的肌肉感不明显，线条十分柔和。

08 绘制出人物的头部饰品，发簪和流苏是能表现出中国风的元素。

09 绘制出衣服上的装饰物，胸前的花纹也是取自中国传统纹样。

10 绘制出腰部的金饰装饰，胸下的装饰采用的是猛兽纹，最下端的是九尾狐纹样，能贴合狐狸族的主题。

11 增添腰部的装饰纹样，丰富整体的层次感。

12 绘制出少女裙摆上的环状花纹和鞋子，脚踝的铃铛能使少女显得更加娇俏。

13 绘制出少女左手的装饰。

14 绘制出少女右手的装饰，手部的装饰花纹与腰部的相呼应。

提示

女子的姿势要绘制的优雅一些，这样才能表现出女性婀娜多姿的神采。女子飞扬的袖子和裙摆表现出人物飘飞的动感。

15 将多余的线稿擦除，少女的线稿就绘制完成了。

6.2.2 少年线稿的绘制

狐狸族的少年都具有俊逸秀美的外表，在绘制的时候要表现出这种感觉，眼睛可以绘制得细长一些。

01 选择“硬边圆压力不透明度”画笔绘制出少年的脸部线条。

02 绘制出少年的头发线条，可以将发际线绘制成美人尖的样式。

提示 通过对五官的细节把握可以很好地表现出男子的脸部特征。男子的眼睛较细长，眉毛与上眼皮的距离很近，嘴唇较薄，嘴缝线比女生的宽，鼻子也较挺拔。

03 增添少年的眉间装饰和耳朵。

04 绘制出少年上半身衣服的线条。在这幅画面中，少年的身材比较扁平，整体呈倒三角形。

05 绘制出少年的服装下摆。

06 补充单裤和靴子的外轮廓线条。

07 少年的头饰要比少女的简单，绘制其脑后的金饰线条。

08 增添服饰上的环状花纹和盘扣，与少女的服饰花纹相呼应。

09 绘制出肩膀上的金饰花纹，在肩膀上增添金饰能使少年更显英气。

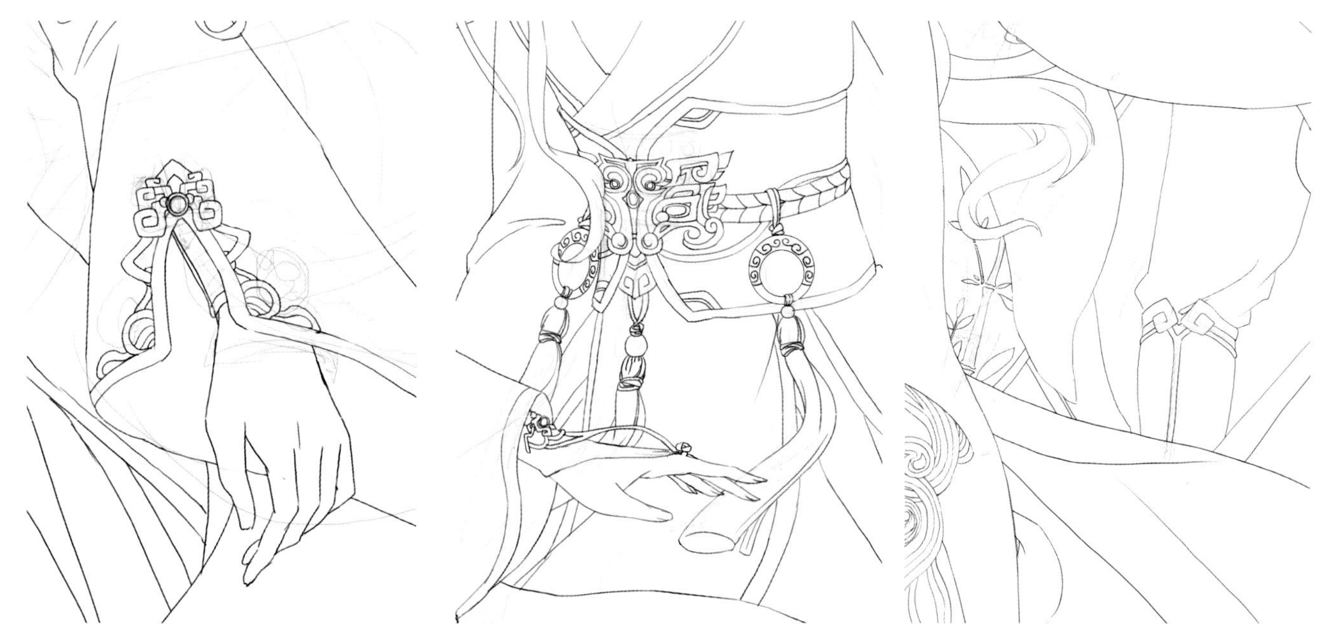

10 补充袖子的花纹，袖子的花纹与领口的环状花纹相似。

11 绘制出少年服饰的腰部装饰，其腰上的金饰也是兽纹，与主题相呼应。

12 在少年衣服下摆处增添竹子图案，在靴子上增添环状纹样。

13 将多余的线条擦除，然后删除草稿图层，这张原画的线稿就绘制完成了。

6.3 玄幻风颜色搭配

该原画主题为身着红色服装的狐狸族男女，所以将少女的上身衣服都绘制成大红色，裙子选择白色，下摆处用暗红色压裙幅；少年的衣服选择用暗红色作为主色调，搭配深色里裤、白色内衫。另外，少女的头发和尾巴是浅棕色，少年的是白色，这样能使整个画面颜色均衡。

由于是玄幻风的画面设定，所以装饰物都为金镶玉。少女腰部的绳子与少年的颜色一致，这样能表现出同一种族的感觉。在确定了大的颜色搭配方案之后就可以分图层进行底色的绘制了。

狐幻颜色表

女狐

部位	色值	部位	色值	部位	色值	部位	色值
皮肤	ffe9d4	头发	a5937b	耳朵、尾巴	ac8574	上衣	a40000
裙子	eeeeee	腰带	6d001d	深红锁边	7d0103	金饰	ab6b01
护腕	3a0809	玉石	b4d465	头花	f29c9f	眼睛	8badda

男狐

部位	色值	部位	色值	部位	色值	部位	色值
皮肤	ffe6d0	头发	ced5dd	上衣	860809	领子	5e0010
金饰	ad6a01	流苏	8c98cc	腰封	2f0809	长裤	2d1719
内衫	b7b7b7	眼睛	9082bd	耳朵、尾巴	ffffff		

6.4 狐狸少女的初步绘制

对于狐狸少女，在初步绘制时要表现出画面整体的光感和前后空间，可以将少女绘制得温婉可人一些。

6.4.1 使用柔边画笔绘制少女的皮肤

女子的皮肤都是十分光滑的，整体颜色偏粉一些，选择“柔边圆压力不透明度”画笔塑造出皮肤的质感。

01 选择“柔边圆压力不透明度”画笔，选择肉色区分出皮肤的大致明暗。

02 用肉粉色加深皮肤的暗面，并初步区分出眼窝等结构的暗面。

03 再次加深皮肤的暗面，强调皮肤的明暗交界线。

04 将画笔的不透明度降低，选择浅肉色增添画面的颜色层次。

05 绘制人物的双腿，选择浅肉色区分出大的明暗。

提示

由于人物的大腿并不是在一个空间面上，所以阴影并不一致，在绘制时要注意裙摆对大腿的投影。

06 用肉粉色增添画面暗色的层次感。

07 选择深色绘制出腿部的明暗交界线，增添腿部的体积感。

08 降低画笔的不透明度，修饰所绘制颜色的层次,使腿部结构更自然。

6.4.2 ▸ 少女五官的绘制

对于少女的五官要绘制出温婉的感觉，由于是狐狸族，所以少女的眼睛里是橄榄核状的瞳孔。

01 选择“柔边圆压力不透明度”画笔，锁定眼睛颜色图层的不透明度，用浅紫色绘制出大致的明暗分布。

02 用深紫色绘制出瞳孔的形状和上眼皮在眼球上的投影。

03 将画笔模式设置为“线性光”，选择浅蓝色点缀出眼球的受光面，再用深紫灰色加深瞳孔。

04 修饰眼球的色彩，绘制出上眼皮投影的反光。

05 选择“硬边圆压力不透明度”画笔，将画笔模式设置为“线性光”，点缀出瞳孔的光感。

06 绘制出眼球的眼白部分，眼白的暗部用浅紫灰色绘制，眼睛的眼角用肉红色绘制。

07 将画笔的直径调小，选择深棕色绘制出眼线。

08 选择深色绘制出鼻子底部的结构。

09 降低画笔的不透明度，点缀出鼻头的亮面和鼻底的反光。

提示

狐狸少女的嘴唇可以选择浅粉色绘制，这样更能表现出少女的娇艳感。

10 选择“柔边圆压力不透明度”画笔，选择浅橘粉色绘制出嘴唇的底色。

6.4.3 长发的光泽表现

少女的长发要表现出水润顺滑的光泽感，对于飞扬的长发在绘制时也要注意整体明暗的把握。

01 选择“柔边圆压力不透明度”画笔，用棕色绘制出大致的明暗分布。

02 用深一层的色彩绘制出头发的大致阴影，对于发丝的转折感要表现出来。

03 选择“硬边圆压力不透明度”画笔，用深棕色加深阴影和明暗交界线。

提示

在绘制头发时可以将头发想象成布料绘制出具体阴影，这样能把握好整体的空间和明暗，头发也能表现出空间的纵深感。

04 调小画笔的直径，勾勒出发丝的感觉。

6.4.4 衣服布料的绘制

布料的形态比较多变，在绘制明暗的时候要表现出布料光滑、柔软的感觉，不同质感的布料绘制方法也不一样。

01 选择“柔边圆压力不透明度”画笔区分出红色衣服的大致明暗。

02 用暗红色加深衣服的暗面，表现出衣服的转折感。

03 将画笔的不透明度降低，选择浅蓝灰色绘制出布料的反光。由于布料的反光颜色不明显，所以只需淡淡地绘制一层颜色即可。

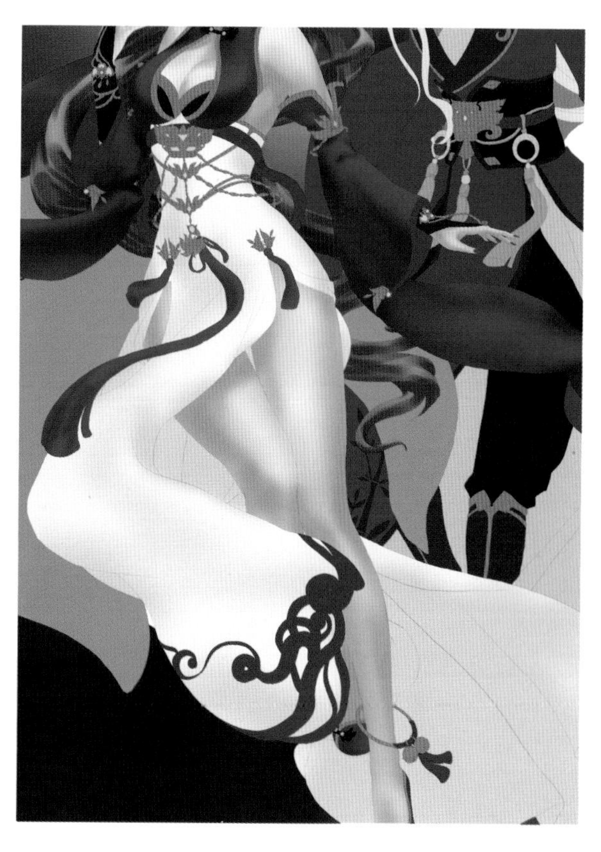

04 用同样的方法绘制出红色流苏的暗面颜色。

05 选择浅红灰色绘制出白色裙摆的暗部色彩。

06 修饰所绘制裙摆的颜色，使裙摆的体积感更加明显。

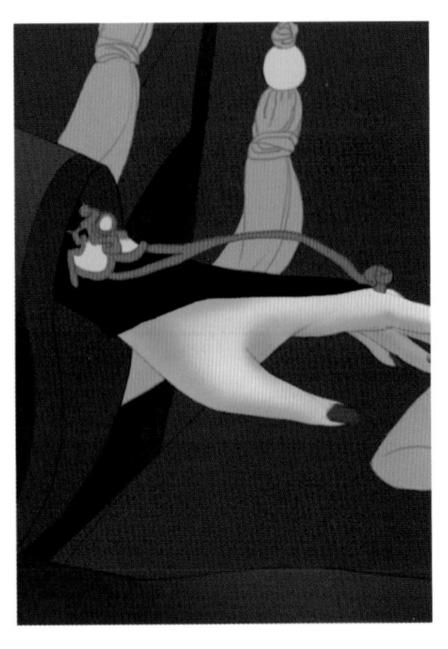

07 选择深色绘制出明暗交界线，并根据人体结构绘制出护腕的体积感。

08 用浅蓝灰色增添护腕的反光。

09 用同样的方法绘制另一边的护腕。

10 绘制出裙摆装饰的暗面色彩。

11 加深裙摆装饰的明暗交界线，并增添反光的颜色。

12 选择“硬边圆压力不透明度”画笔，勾勒出花纹之间的细小阴影。

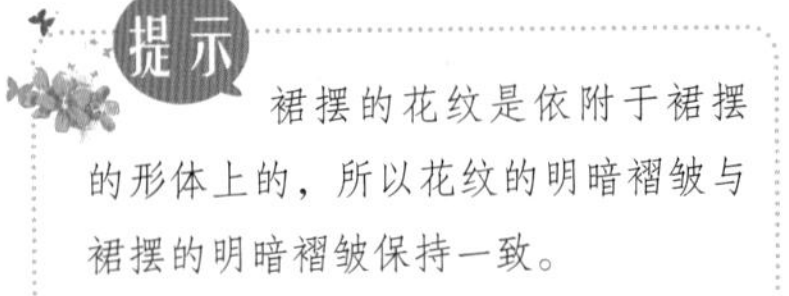

提示

裙摆的花纹是依附于裙摆的形体上的，所以花纹的明暗褶皱与裙摆的明暗褶皱保持一致。

13 修饰花纹颜色的层次感。

14 用同样的方法勾勒出袖子上环状花纹的细节。

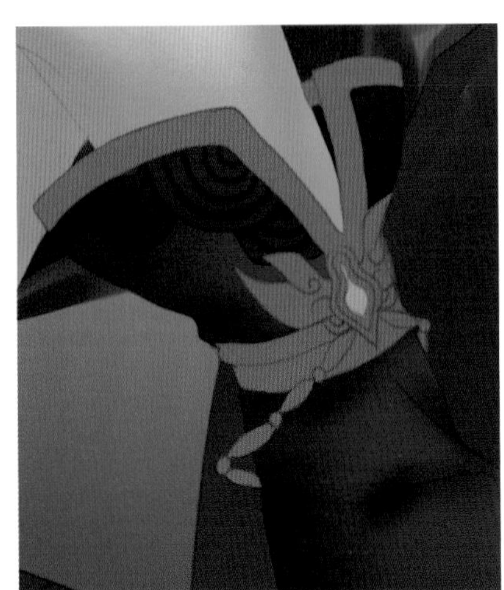

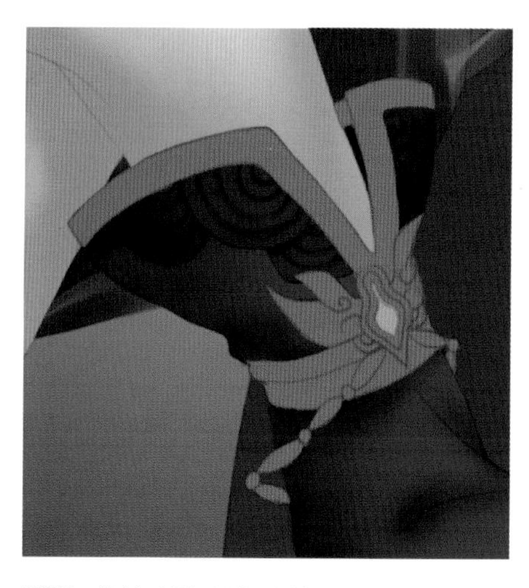

15 修饰所绘制花纹的颜色，使花纹的体积感更加明显。

16 绘制袖口的暗红色，根据布料转折绘制暗面色彩。

17 降低画笔的不透明度，选择浅蓝灰色绘制出袖口的反光。

18 用同样的方法绘制另一边的袖口。

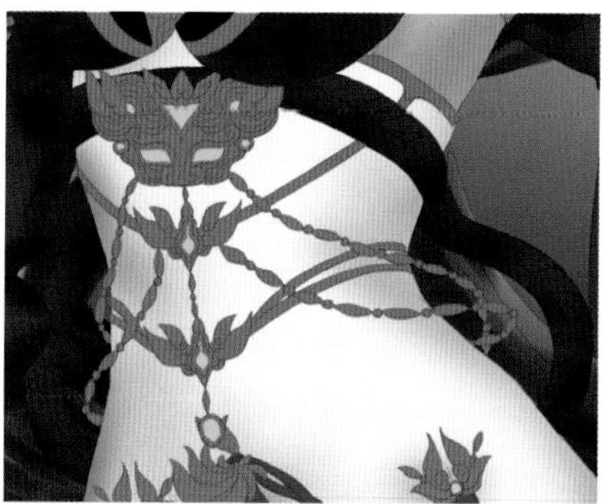

19 选择“柔边圆压力不透明度”画笔绘制出绳子的暗面色彩。

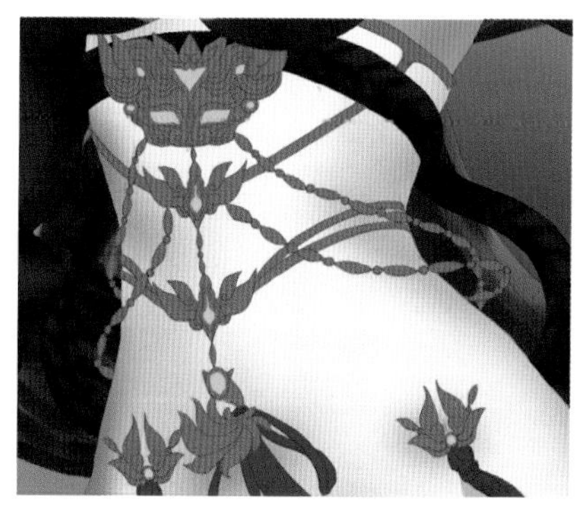

20 将画笔的直径调小，勾勒出绳子的花纹。

6.4.5 饰品的初步绘制

少女的饰品也能增添人物的体积感，大面积的金饰是整个饰品的主调，点缀的玉石能很好地表现出中国风的感觉。

01 锁定绢花颜色所在图层的不透明度，选择“柔边圆压力不透明度”画笔，用白色绘制出花瓣的渐变感。

02 选择粉红色点缀出花瓣尖端的颜色，使花朵更显娇艳。

03 选择“硬边圆压力不透明度”画笔绘制出花朵的暗面色彩。

04 锁定金饰颜色图层的不透明度，用深色绘制出金饰的暗面色彩。

05 用更深一层的颜色绘制出金饰的明暗交界线。

06 选择“硬边圆压力不透明度”画笔，将画笔的直径调小，勾勒出金饰的细小花纹。

07 选择“柔边圆压力不透明度”画笔，将画笔模式设置为“叠加”，加深金饰的暗面色彩。

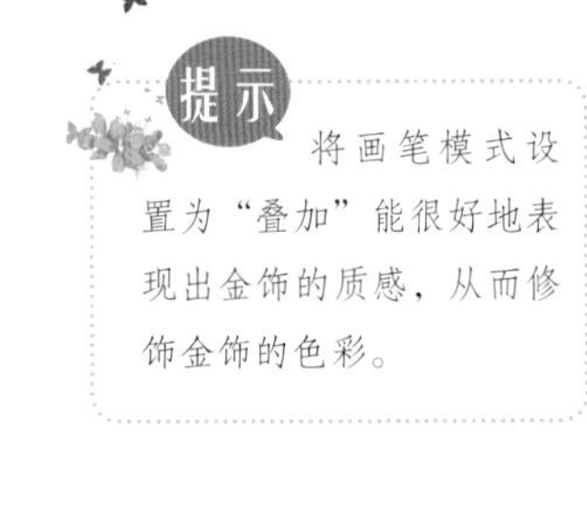

提示

将画笔模式设置为“叠加”能很好地表现出金饰的质感，从而修饰金饰的色彩。

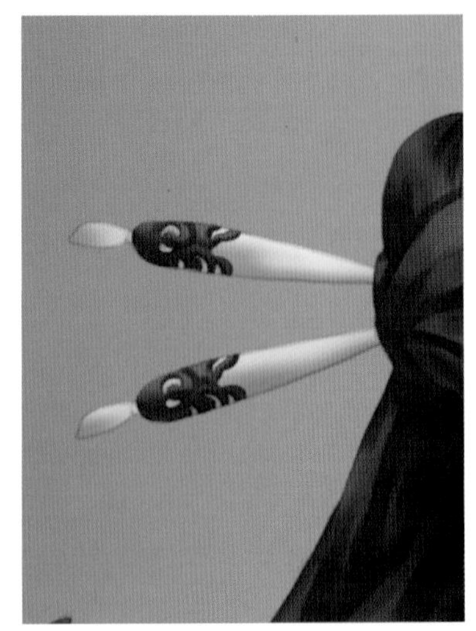

08 选择橄榄绿绘制玉石的阴影面。

09 用同样的方法绘制玉质发簪的色彩。

6.4.6 绒毛的明暗区分

毛茸茸的尾巴和耳朵是狐狸种族最明显的特征，其耳朵和尾巴的颜色一般与人物头发的颜色一致。

01 选择“柔边圆压力不透明度”画笔丰富耳朵和尾巴的底色。

02 将画笔的直径调小，绘制出暗面色彩，初步塑造绒毛的体积感。

6.5 狐狸少年的初步绘制

狐狸少年大多具有俊美秀气的外表，所以在绘制的时候要着重表现出人物的这种气质。

6.5.1 少年皮肤的绘制

狐狸少年的皮肤大多比较白皙，但与少女的粉白色皮肤不同，少年的皮肤一般偏橘黄色。

01 选择“柔边圆压力不透明度”画笔，用肉色绘制出皮肤的暗面。

02 用深一层的颜色加深暗面色彩，增添体积感。

03 选择肉红色绘制出五官和锁骨的结构，点缀出暗面色彩。

04 将画笔模式设置为“叠加”，加强明暗交界线附近的颜色纯度。

6.5.2 少年五官的绘制

少年的五官比较细长，在细化时可以着重刻画眼睛的结构，少年的眼睛与少女一样都是橄榄核状的瞳孔。

01 锁定眼睛颜色图层的不透明度，选择“柔边圆压力不透明度”画笔绘制出眼球的明暗分布。

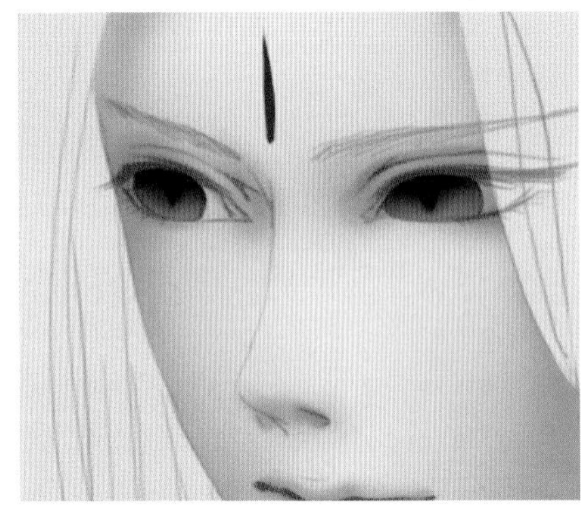

02 选择深色绘制出眼睛的瞳孔。

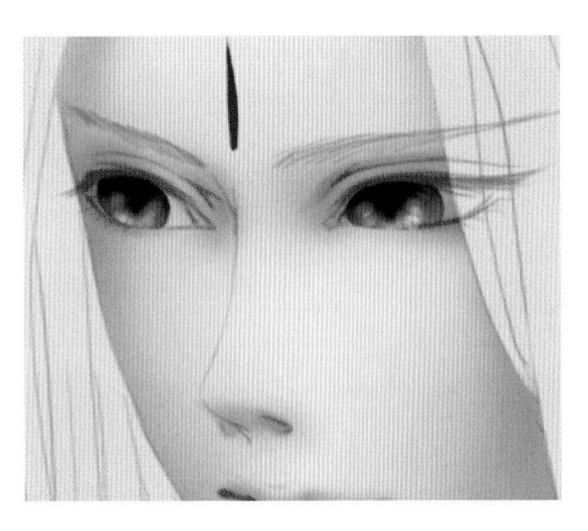

03 将画笔模式设置为“线性光”，加深瞳孔的颜色，并点缀出眼球的高光，使眼睛更显深邃。

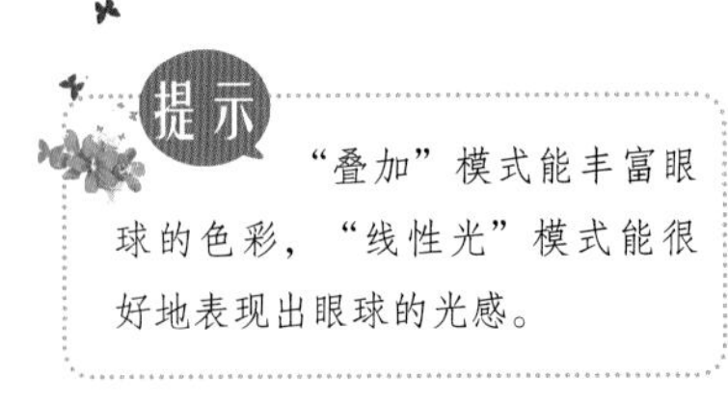

提示

“叠加”模式能丰富眼球的色彩，“线性光”模式能很好地表现出眼球的光感。

04 选择“柔边圆压力不透明度”画笔，将画笔模式设置为“叠加”，选择蓝色绘制明暗交界线与亮面相接处。

05 绘制出少年眼睛的眼白，选择浅蓝灰色绘制出眼白的暗面。

06 选择“硬边圆压力不透明度”画笔，用深棕色绘制出眼线，再用红色点缀出眼角的色彩。

07 选择“柔边圆压力不透明度”画笔绘制出鼻底的结构。

08 选择肉粉色绘制出鼻头的明暗交界线。

09 用浅蓝灰色绘制出鼻底的反光，塑造鼻子的体积感。

10 降低画笔的不透明度，用浅橘色绘制出嘴唇的底色。

6.5.3 飘逸长发的绘制

自然界中的白色物体也是有色彩倾向的，要在确定色彩倾向的基础上再进行细化绘制，这里想将少年的长发绘制成偏蓝的色调。

01 选择“柔边圆压力不透明度”画笔，用蓝灰色初步区分出头发的明暗面。

02 用深蓝灰色绘制出大的暗面，在绘制头发时要根据头部结构进行结构的划分。

03 选择“硬边圆压力不透明度”画笔，用蓝紫灰色绘制出头发的具体阴影。

提示

头发没有十分具体的形态，所以在绘制阴影时可以随意一些在绘制头发时要表现出头骨的体积感。

04 选择“柔边圆压力不透明度”画笔修饰头发的整体色彩。

05 将画笔模式设置为“叠加”，加深后脑勺的暗面色彩，增添头部的体积感。

6.5.4 衣服布料的绘制

少年的衣服不如少女的飘逸，少年的里裤是比较贴身的，胸部较平坦，胸腔和腹腔的转折比较明显。

01 选择“柔边圆压力不透明度”画笔，用深红色绘制出衣服的暗面。

02 用更深一层的颜色加深明暗交界线和衣服的褶皱。

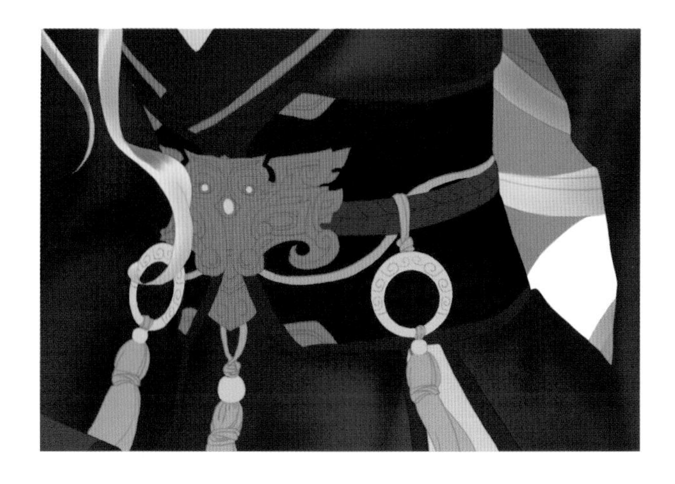

03 选择深红棕色绘制出腰带的暗面色彩，绳子和配饰的投影也要绘制出来。

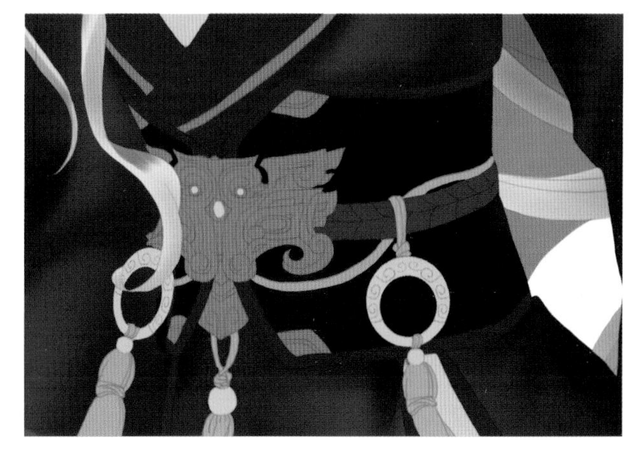

04 降低画笔的不透明度，选择浅蓝灰色绘制出腰带的反光。

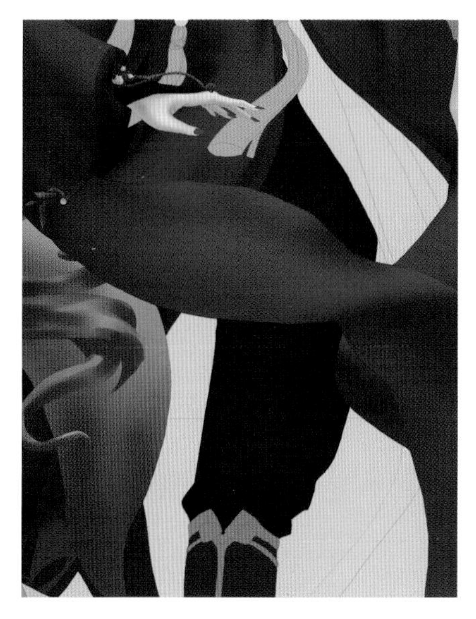

05 用深棕色绘制出里裤的暗面色彩，要根据大腿的结构转折进行阴影的绘制。

06 用更深一层的颜色加深明暗交界线，绘制出裤子的褶皱。

07 用深色区分出衣领和袖口的暗面色彩。

08 加深明暗交界线，饰品在衣领上的投影也要绘制出来。

09 用同样的方法绘制鞋子的阴影。

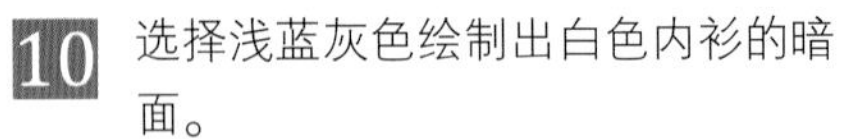

10 选择浅蓝灰色绘制出白色内衫的暗面。

11 选择更深一层的色彩加深明暗交界线和衣服的褶皱，使整体结构更明确。

12 选择浅蓝灰色绘制出白色内衫的反光。

提示

白色物体的颜色可以绘制得丰富一些，把握好大致的明暗结构就可以了。

6.5.5 饰品的初步绘制

饰品的材质要区分准确，依附在服装上的饰品形体转折要与服装保持一致。

01 选择“柔边圆压力不透明度”画笔，用浅棕色绘制出大致的明暗交界线。

02 用棕色加深花纹转折处和明暗交界线。

03 用深棕色加深金饰的暗面，头发在金饰上的投影也要绘制出来。

04 选择“硬边圆压力不透明度”画笔，将画笔的直径调小，勾勒出金饰的花纹。

05 选择“柔边圆压力不透明度”画笔，修饰所绘制金饰的色彩。

06 选择橄榄绿绘制出玉石的暗面色彩。

07 用深红色勾勒出盘扣的花纹和阴影。

08 选择紫红色绘制出绳结的暗面。

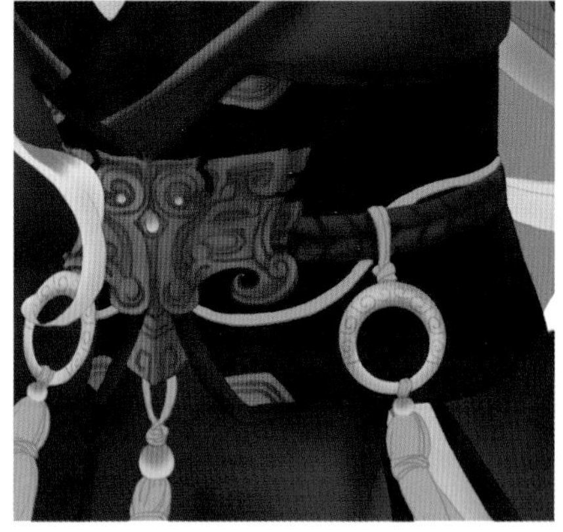

09 将画笔的直径调小，勾勒出绳结的结构花纹。

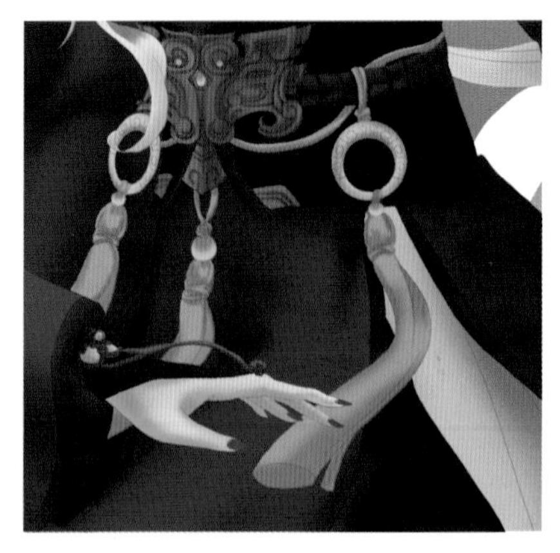

10 选择紫灰色绘制出流苏的暗面色彩。

6.5.6 绒毛的初步绘制

少年的绒毛不如少女的蓬松，白色的绒毛和头发的颜色倾向保持一致，都是偏蓝灰色的。

01 选择浅蓝灰色绘制出绒毛的暗面。

02 调小画笔的直径，用蓝紫色加深明暗交界线，增强尾巴的体积感。

6.6 狐狸少女的颜色细化

狐狸少女要表现出柔美温婉的气质，金饰和衣服褶皱占的面积较大，细致地刻画出服饰的质感。

6.6.1 少女皮肤光泽的刻画

少女的皮肤柔软、有弹性，整体色调是偏粉红色的。少女的眼角可以增添红色的眼影，更显出妩媚的气质。

01 选择“柔边圆压力不透明度”画笔，将画笔的不透明度降低，修饰整体颜色，使皮肤更显柔和。

02 将画笔模式设置为“叠加”，选择浅橘粉色绘制明暗交界线处，使皮肤的颜色更自然。

03 用浅蓝白色绘制出皮肤的亮面色彩，增添体积感。

提示

黄种人的眼窝不如白种人的深邃，眉弓骨较平坦，眼睛的重色多出现在双眼皮和眼角处。

04 调小画笔的直径，初步塑造出五官的结构，用浅蓝白色点缀出高光。

05 加深眼白的明暗层次，绘制出眼袋的结构。

06 将画笔模式设置为“线性光”，增添眼球的色彩。

07 选择“硬边圆压力不透明度”画笔，将画笔的直径调小，绘制出眼球的高光。

08 选择“柔边圆压力不透明度”画笔，点缀出细小的眼神光点，增添眼球的深邃感。

09 选择“硬边圆压力不透明度”画笔，将画笔的直径设置为 3 像素，勾勒出眼线和睫毛。

10 选择“柔边圆压力不透明度”画笔，将画笔模式设置为“叠加”，在眼尾处增添红色的眼影，使少女更显妩媚。

11 修饰眼睛的色彩结构，再用细线绘制出人物的眉毛。

12 细化鼻子的结构，用浅蓝白色点缀出鼻头的高光。

13 将画笔模式设置为“叠加”，增强眉毛的体积感。

14 选择粉色叠加明暗交界线附近，增添脸部的色彩。

15 用同样的方法绘制人物上半身的皮肤。

16 细化出人物右手的明暗结构，关节处皮肤的颜色要偏红一些。

17 选择“硬边圆压力不透明度”画笔，用浅紫灰色绘制出手掌的反光，再塑造出指甲的体积感。

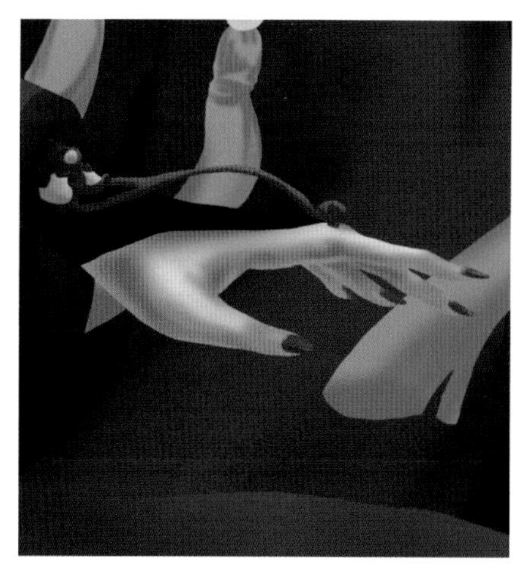

18 用同样的方法绘制另一只手掌。

19 选择“柔边圆压力不透明度”画笔，将画笔模式设置为“叠加”，增添腿部的颜色层次。

20 细化腿部的结构，裙子在大腿上的投影要绘制准确。

21 修饰所绘制腿部的明暗，使整个腿部的色彩与上半身的颜色保持一致。

6.6.2 衣服褶皱的细化

布料的褶皱、阴影要根据整体的形态转折进行绘制，衣服的花纹也要细致地刻画出来。

01 选择“柔边圆压力不透明度”画笔，将画笔模式设置为“叠加”，加深红色衣服的明暗交界线。

02 用浅紫灰色绘制出衣服的反光，增添整体的空间感。

03 选择红色绘制衣服的受光面，增添亮面的层次感。

04 用深色绘制出白色裙摆的褶皱。

提示

白色物体的色彩倾向除了受固有色影响之外，还受环境色影响，这里由于整幅画面都是红色调的服饰，所以白色的衣服也为偏红的颜色。

05 降低画笔的不透明度，选择浅蓝灰色绘制裙摆的反光处，增添裙摆的空间感。

06 选择“硬边圆压力不透明度”画笔，选择浅白色绘制裙摆的受光面。

07 细化所绘制裙摆的褶皱，增添裙摆的细节。

08 细化护腕的体积感，绘制出金饰在护腕上的投影。

09 修饰袖子的镶边，绘制出镶边的厚度感。

10 用同样的方法绘制另一边的镶边。

11 选择“硬边圆压力不透明度”画笔，调小画笔的直径，勾勒出绳子的材质感。

12 选择“柔边圆压力不透明度”画笔，将画笔模式设置为“叠加”，增强绳子的颜色层次。

13 加强裙摆的体积感，增添明暗层次效果。

14 选择“硬边圆压力不透明度”画笔，将画笔的直径调小，勾勒出花纹结构。

15 用同样的方法绘制手臂上的花纹。

16 塑造少女的鞋子，鞋底选择白色作为底色。

6.6.3 使用小直径画笔表现头发的质感

先用不同颜色绘制出头发的明暗层次，再用小直径画笔勾勒出发丝的质感，这样能表现出头发柔顺、飘逸的感觉。

01 选择“硬边圆压力不透明度”画笔修饰所绘制头发的色彩，然后在明暗交界线处增添纯度高的红棕色。

02 将画笔的直径调小，细化头发的发丝感。

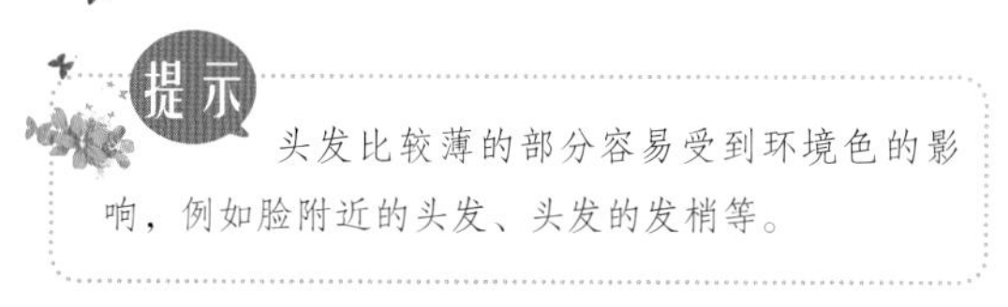

03 选择“硬边圆压力不透明度”画笔，将画笔的直径设置为两像素，勾勒出散落的发丝，使头发更加真实。

6.6.4 使用画笔模式增添饰品的质感

使用不同的画笔模式能制作出不同的画面效果，我们要在理解画笔模式的基础上进行灵活运用。

01 细化少女头上的绢花，在绢花的反光处增添浅紫灰色。

02 用绘制头发的方法绘制红色的流苏，流苏散落的线条要勾勒出来。

03 绘制腰上的流苏，由于腰上的流苏在受光面，所以颜色更鲜艳一点。

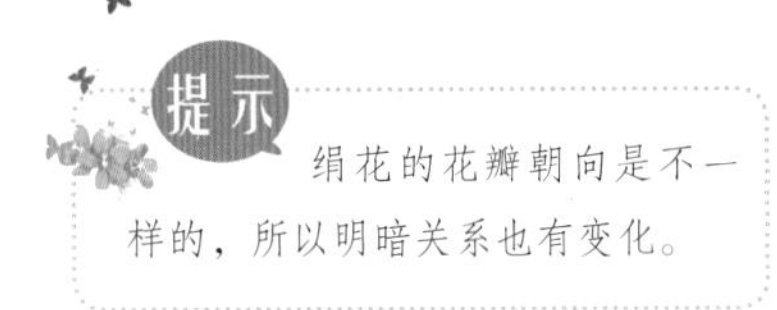

提示

绢花的花瓣朝向是不一样的，所以明暗关系也有变化。

04 人物脚踝上的流苏在背光面，颜色偏暗。

05 选择“柔边圆压力不透明度”画笔，将画笔模式设置为“叠加”，降低画笔的不透明度，用深色加深金饰的暗面色彩。

06 用浅金色提亮金饰的受光面。

07 选择“硬边圆压力不透明度”画笔，将画笔模式设置为“线性光”，点缀出金饰的高光效果。

08 选择浅蓝灰色绘制出金饰的反光，增添金饰的体积感。

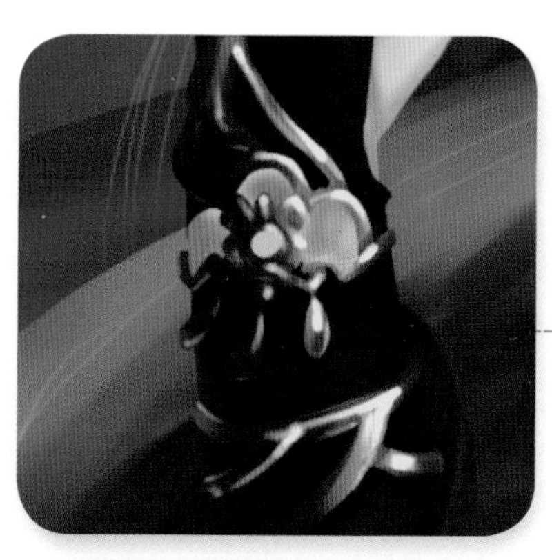

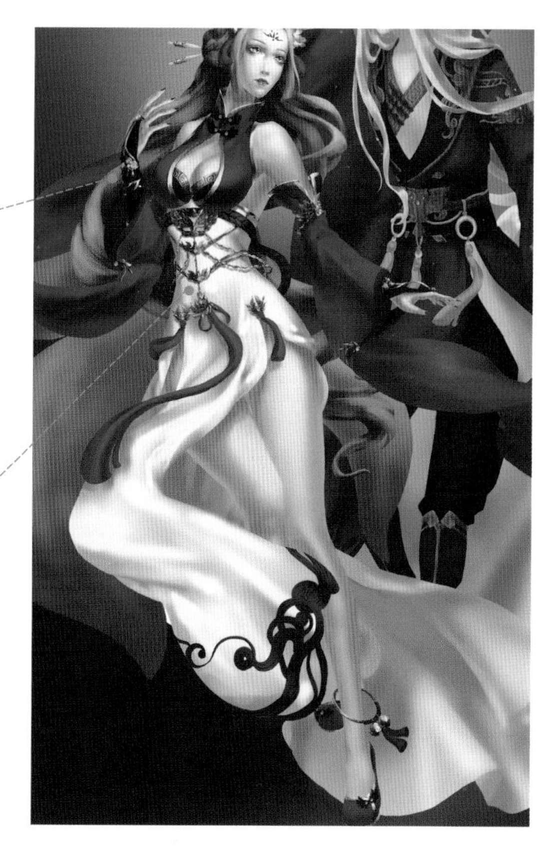

提示

金饰受环境色的影响不是十分明显，整体色彩偏暖，绘制时可以在反光处增添浅蓝灰色来塑造体积感。

09 选择“柔边圆压力不透明度”画笔，将画笔模式设置为“叠加”，丰富金饰的颜色层次。

10 锁定少女额头的花纹颜色所在的图层，选择“硬边圆压力不透明度”画笔，降低画笔的不透明度，为花纹增添颜色效果。

11 细化头上的玉簪。

12 选择“柔边圆压力不透明度”画笔，将画笔模式设置为“叠加”，丰富玉石的颜色层次。

13 选择“硬边圆压力不透明度”画笔，将画笔模式设置为“线性光”，点缀出玉石的高光。

提示

不同形态的玉石的高光样式不一样，圆润的玉石的高光更靠近中心，扁平的玉石的高光多出现在形体转折处。

6.6.5 绒毛的蓬松表现

绒毛的质感比头发蓬松，边缘处散开的毛发要比头发的多。耳朵和尾巴的绒毛都比较短，层叠分布，所以不同颜色的绒毛会交织在一次。

01 选择“硬边圆压力不透明度”画笔，绘制出尾巴大致的颜色分布。

02 将画笔的直径调小，细心地勾勒出层叠的绒毛。

03 在耳朵和尾巴末梢增添浅蓝灰色，增加尾巴的空间感。

6.7 狐狸少年的颜色细化

少年的五官比较俊朗，狐狸族的少年都比较纤细秀美，对于其衣服的纹理和白色的绒毛要细心刻画。

6.7.1 少年皮肤质感的绘制

少年的皮肤是偏橘黄色的，整体颜色要比少女的暗一点。少年的五官比较细长，眼尾也可以增添红色的眼影。

01 选择浅白色点缀出脸部皮肤的受光面。

02 将画笔模式设置为“叠加”，增添脸部的颜色层次。

03 选择“硬边圆压力不透明度”画笔，选择浅蓝白色点缀出脸部的受光面。

04 细化眼睛的结构，绘制出双眼皮的阴影。

05 将画笔模式设置为“线性光”，绘制出眼球的光感。

06 加深眼球的瞳孔和上眼皮的投影，增添眼睛的深邃感，然后用细线绘制出白色的眉毛。

07 绘制出鼻骨的结构，再用浅橘色绘制出嘴唇的底色。

08 塑造出嘴唇的体积感。

09 调整五官的整体颜色，少年的脸部就绘制完成了。

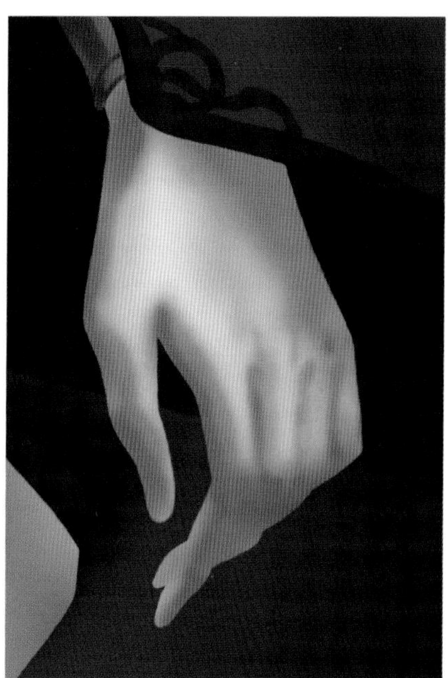

10 选择“柔边圆压力不透明度”画笔，用深色绘制出手掌的阴影。

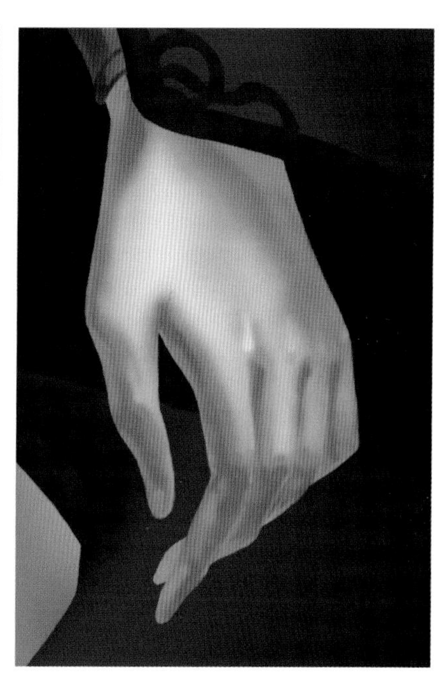

11 选择浅紫灰色绘制出手掌的反光色彩，塑造手掌的体积感。

提示

手指的指尖颜色要比其他地方更深一点，指节处要绘制上纯度高的肉粉色。

6.7.2 衣服质感的表现

少年的服装不如少女的飘逸，布料更厚实一点，衣服的褶皱多发生在关节处。另外，少年与少女衣服的前后空间要绘制出来。

01 选择“柔边圆压力不透明度”画笔，用深色加强明暗交界线。

02 用浅紫灰色绘制出衣服的反光。

03 修饰衣服的褶皱形态，塑造出衣服整体的体积感。

04 选择暗红色加深袖口和衣领的暗面色彩。

05 用浅紫灰色绘制出袖口的反光色。

06 选择“柔边圆压力不透明度”画笔，塑造出白色内衫的褶皱。

07 选择“硬边圆压力不透明度”画笔，降低画笔的不透明度，增添腰带的反光色。

08 细化里裤的褶皱，由于是空间位置靠后的部分，所以颜色的差别较小。

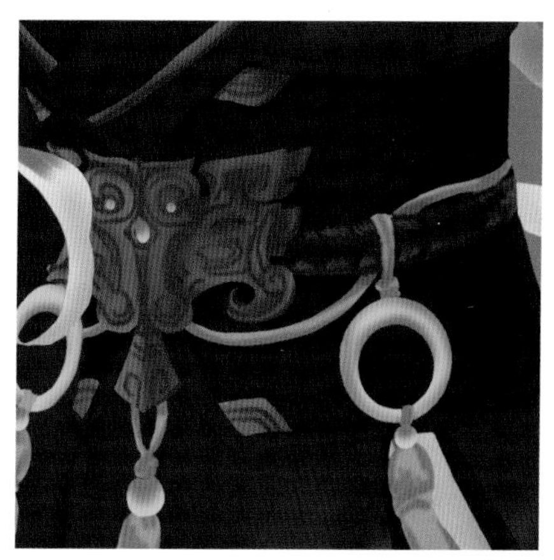

09 细化少年腰上的绳子装饰。少年的腰比较扁，与少女的要区分开来。

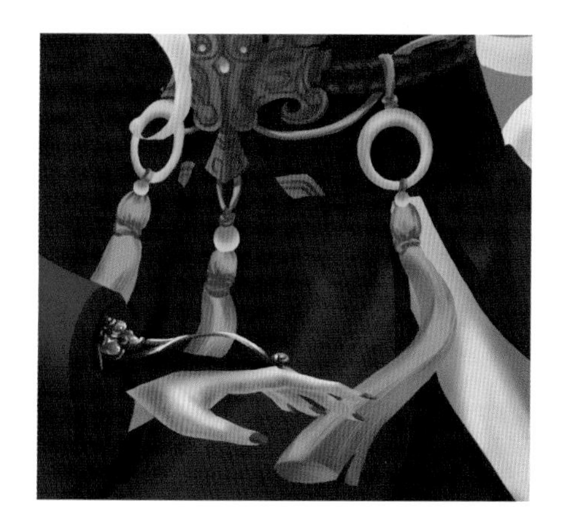

提示

腰部所佩戴饰品的形体转折与人体腰部的肌肉转折保持一致。

10 绘制出腰部流苏的质感。

6.7.3 浅色长发的绘制

浅色长发的颜色更丰富一些，可以用蓝紫色系进行细化，白色的长发更容易透出脸部的色彩。

01 修饰所绘制长发的颜色，增添画面的体积感。

02 选择“硬边圆压力不透明度”画笔，将画笔的直径调小，勾勒出头发的层次感。

03 将画笔模式设置为“叠加”，增添头发的环境色。

04 将画笔的直径设置为两像素，勾勒出散落的发丝，增添头发的质感。

6.7.4 不同饰品的材质表现

少年的饰品和少女的一样，都是以金镶玉为主。由于少年的空间位置靠后，所以金饰的颜色也要暗一点，这样才能暗示出前后空间关系。

01 选择“柔边圆压力不透明度”画笔，加深金饰的明暗交界线。

02 选择“硬边圆压力不透明度”画笔，将画笔模式设置为“线性光”，选择浅色绘制出金饰的亮面。

03 选择浅蓝白色绘制出金饰的反光色。

04 修饰所绘制金饰的色彩，然后用同样的方法绘制腿部金饰的颜色。

提示

在“线性光”模式下，所选取的颜色会和绘制出来的颜色不一样，在使用这种画笔模式时需要多进行颜色的尝试。

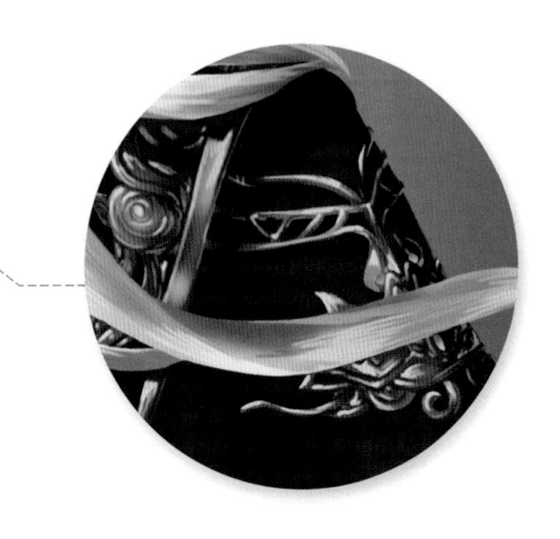

05 选择“柔边圆压力不透明度”画笔，将画笔模式设置为“叠加”，丰富金饰的明暗效果。

06 选择深绿色增添玉佩的颜色层次。

07 选择“硬边圆压力不透明度”画笔，将画笔模式设置为“线性光”，点缀出玉石的高光。

08 塑造出领口盘扣的体积感。

6.7.5 绒毛的质感表现

少年的白色耳朵和尾巴选择的是偏紫的颜色，与头发稍微区分开来会更好看。

01 选择“硬边圆压力不透明度”画笔，增添耳朵和尾巴的明暗交界线。

02 将画笔的直径调小，用细线耐心地绘制出耳朵和尾巴的毛绒质感。

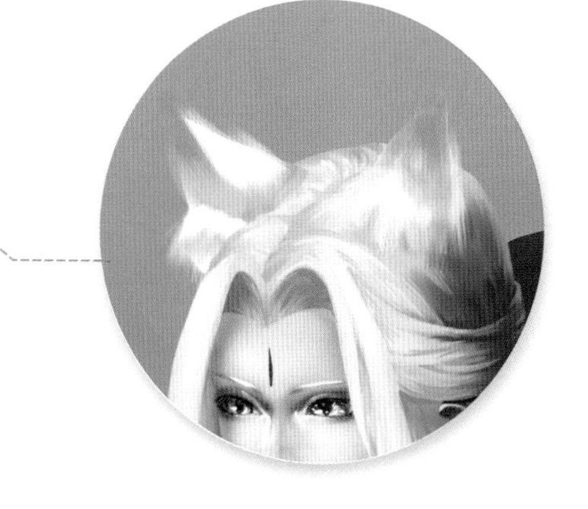

03 绘制出耳朵和尾巴上散开的毛发，增添毛绒质感。

6.8 使用花纹画笔丰富画面氛围

增添画面氛围可以增添整个画面的视觉效果，在增添画面氛围时应根据画面的需求进行取舍，不可总是叠加绘画元素。

01 选择“柔边圆压力不透明度”画笔，降低不透明度，在金饰上点缀细小的光点，丰富金饰质感。

02 选择渐变工具增添背景颜色。

03 选择“散布枫叶”画笔，调整画笔的直径，绘制出散落在画面中的红色枫叶。

04 新建“调整”图层，将画笔模式设置为“叠加”，修饰整个画面的颜色。

05 选择“硬边圆压力不透明度”画笔，绘制出画面中的飘带。

06 选择“大涂抹炭笔”，将画笔模式设置为“线性光”，增添背景纹理。

07 点缀上背景的光感，人物背后用透明度低的红色进行画面的修饰。

08 新建一个图层，调整画面的黑白关系。

09 调整细节部分，这张双人原画就绘制完成了。

命运女神

7.1 画面题材和多人组合构图分析

本章所绘制的原画取材于命运女神，命运女神在古希腊的神话传说中占有重要的地位。命运女神有三位，三位女神分别是兀尔德、贝露丹迪和诗蔻迪，她们的任务是纺织人间的命运之线，同时按次序剪断。最大的兀尔德掌管过去和纺织生命之线，二姐贝露丹迪使命运之线产生波折，最小的诗蔻迪掌管死亡，负责切断生命之线。三位命运女神看守着“世界之树”，每天负责用“命运井”里的水灌溉“世界之树”。

传说中三姐妹中的兀尔德和贝露丹迪是性情温和的人，至于第三位诗蔻迪的脾气却不大好，常常把快要完成的手工撕得粉碎，抛在空中随风飞散。因为三姐妹代表了时间三态，所以长姐兀尔德是衰老的，常常向后回顾，似乎念念不忘过去的事物；二姐贝露丹迪则正值盛年，活泼青春，目光直向前面；至于老三诗蔻迪通常是神秘地带着黑色面纱，不示人以真面目。

在了解了命运女神的背景故事之后，就构思出了一幅三姐妹站在一起，长姐纺织命运之线，二姐使命运之线产生波折，老三剪断命运之线的画面。长姐神态沉着，眼神看着命运之线，身上的装饰均为金饰和宝石，代表过去和衰老；二姐的整体服饰是浅粉色，头饰为绢花和羽毛，神态亲和，代表着活力和现在；老三眼神望向未知的地方，脸上带着黑纱，手拿剪刀用来剪断命运之线，头戴鹿角和金饰，代表着未来和死亡。背景则选择了古代罗马石柱，点缀以树枝和泉水元素。在确定了画面构思之后就可以开始进行草稿的绘制了。

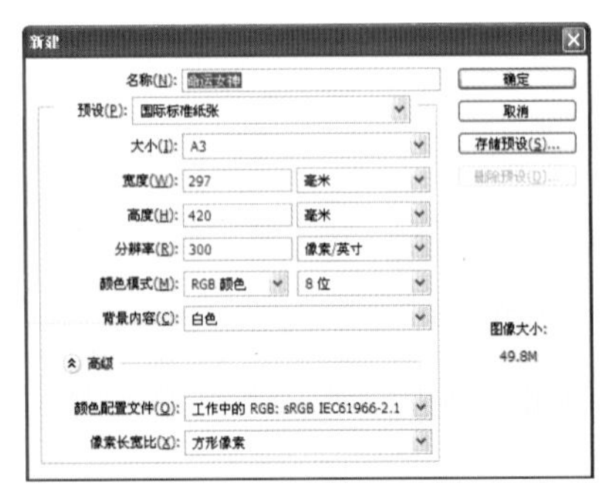

01 打开 Photoshop 软件，执行“文件”|“新建”命令，弹出“新建”对话框，将数值设置为如图所示的模式，单击“确定”按钮，一张可供使用的画布就创建完成了。

02 选择“硬边圆压力不透明度”画笔，将画笔的直径和不透明度调整一下，绘制上预先构思好的画面草稿，在这一步不用考虑太多的人体结构问题。

7.2 多人组合线稿的绘制

对于多人组合的画面要把握好整幅画面的节奏感，人与人之间的互动感要表现出来，画面的前后空间要绘制准确。

7.2.1 “过去”女神线稿的绘制

代表“过去”的女神性格沉稳，身上的金饰十分繁复，可以先绘制一边的线条，再用复制翻转的办法得到另一边的线条。

01 选择“硬边圆压力不透明度”画笔，绘制出人物的脸部线条，注意人物的眼神是往下看的。

提示

在绘制对称人物时，可以先绘制出一边的线条，再选择“复制图层”和“图像翻转”命令制作出另一边的图案。

02 绘制出帽子的外轮廓线，再绘制出帽子中间的花纹线条。

03 绘制出帽子剩下的花纹，对花纹的疏密感要把握准确。

04 绘制出剩下的帽子装饰，可以先绘制出单一花纹，剩下的花纹通过复制得到。

05 勾勒出帽子里面的头发，再绘制出披风的领子。

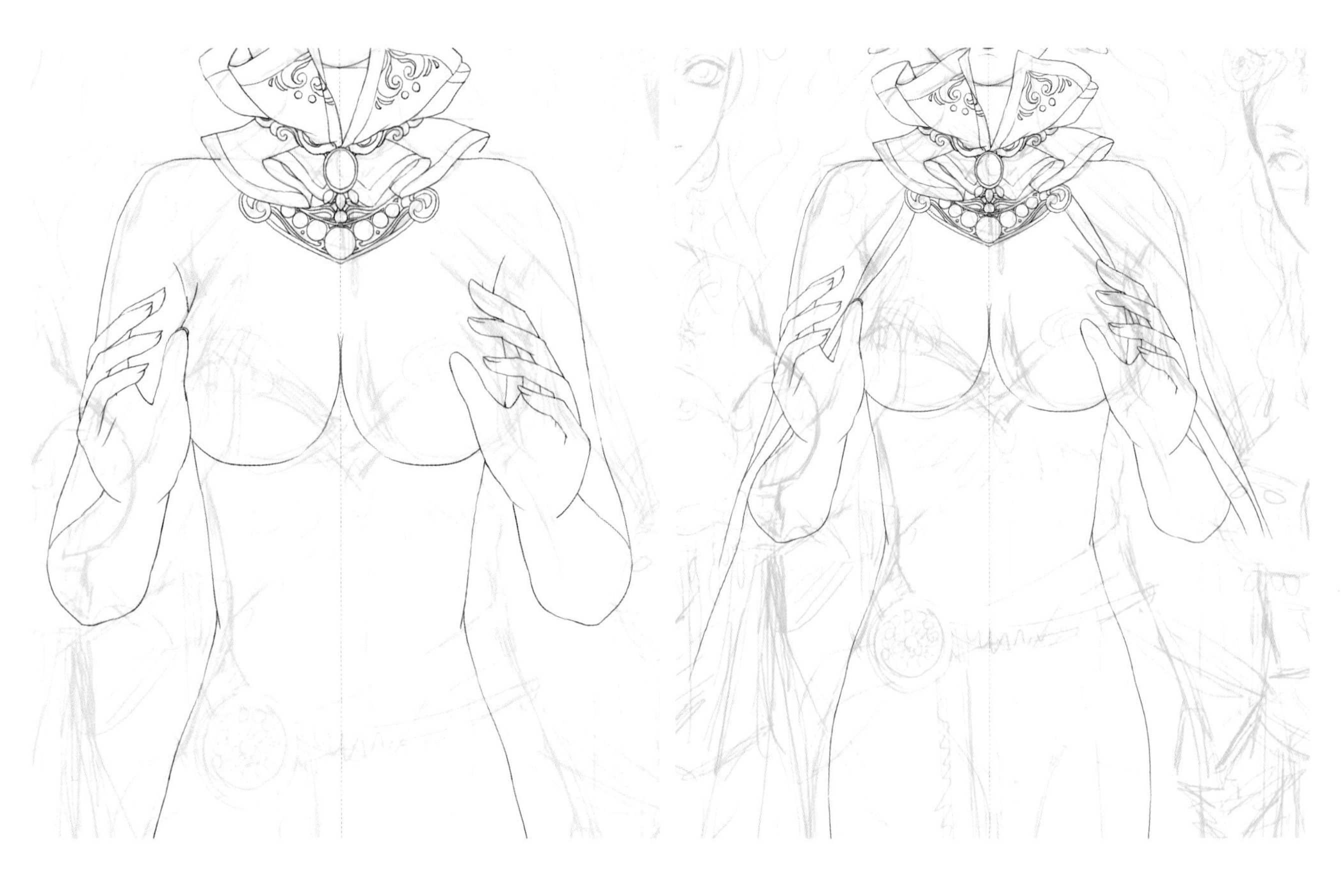

06 绘制出人物的身体线条，人物双手的空间感要表现准确。

07 绘制出披肩的外轮廓线条。

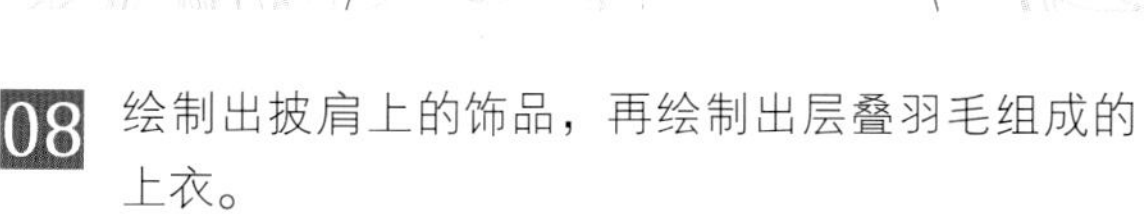

08 绘制出披肩上的饰品，再绘制出层叠羽毛组成的上衣。

09 绘制出人物腰部的装饰，腰部的饰品应贴合人体的转折结构。

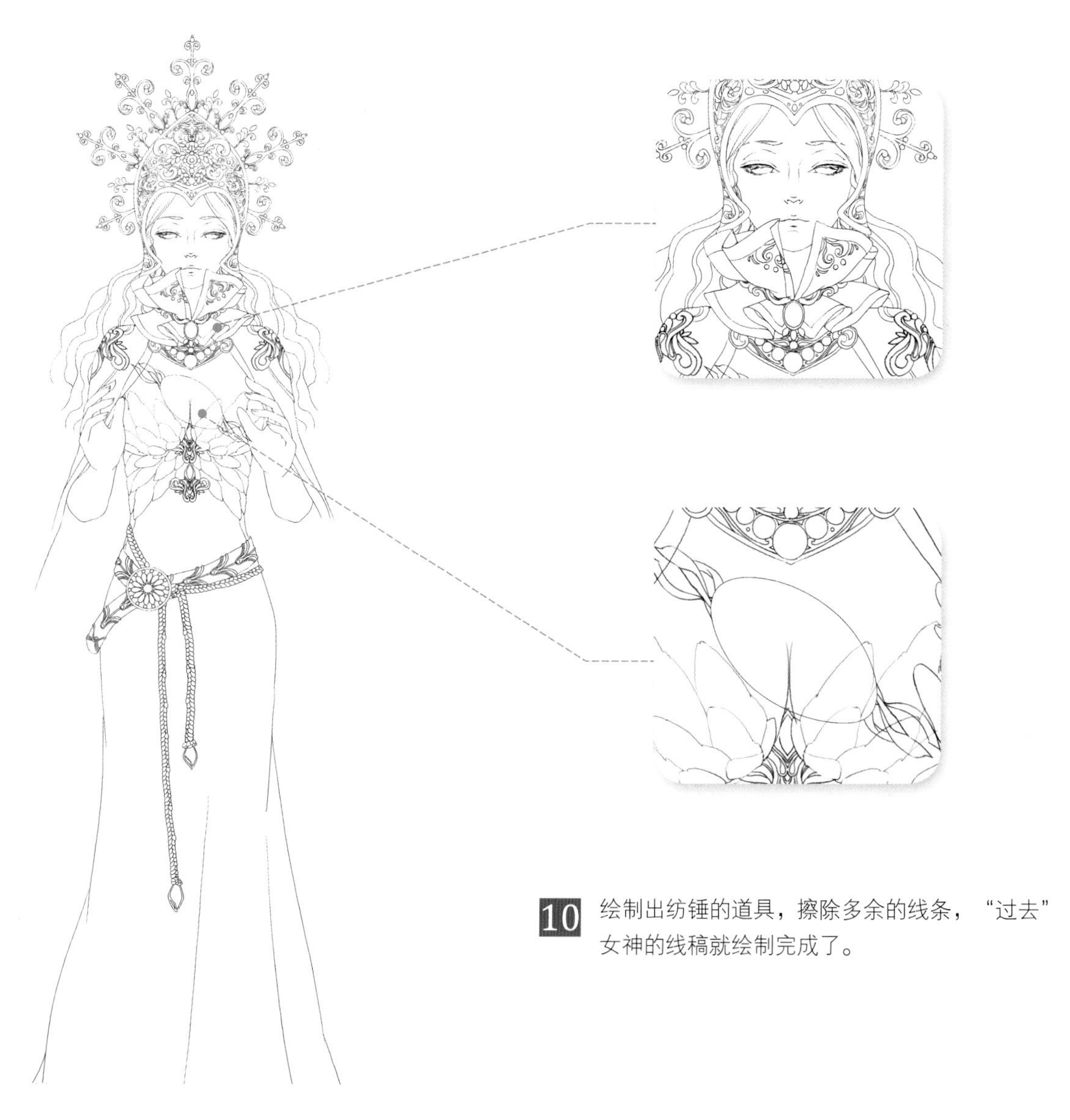

10 绘制出纺锤的道具，擦除多余的线条，“过去”女神的线稿就绘制完成了。

7.2.2 “现在”女神线稿的绘制

代表“现在”的女神性格温婉、有活力，视线望向画面外的读者。对于人物头顶的花朵，可以利用之前介绍的方法绘制单个花朵，然后通过复制得到。

01 绘制出人物的脸部线条，瞳孔的方向要表现出人物视线的方向。

02 绘制出头上的盘发，环绕的编发具有古希腊风格，也能增添发型的耐看度。

提示 古希腊的盘发是十分精美的，在绘制人物之前可以多参考古希腊的头饰进行绘制。

03 选择“硬边圆压力不透明度”画笔，绘制出人物的脸部线条，注意人物的眼神是往下看的。

04 绘制出人物身体的外轮廓线，并补充项链的线条。

05 绘制出上半身服饰的线条，花瓣形的袖子由于垂坠会发生形变。

06 绘制出人物下半身的线条，对飘带的穿插关系要表现准确。

07 通过复制粘贴的方法绘制金饰上的玫瑰图案。

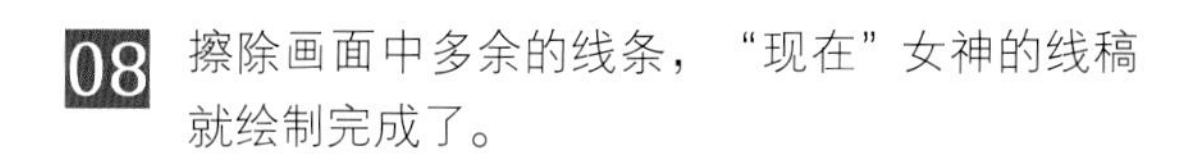

08 擦除画面中多余的线条，“现在”女神的线稿就绘制完成了。

7.2.3 “未来”女神线稿的绘制

“未来”女神代表未来和死亡，在绘制的时候要表现出这种感觉。

01 绘制出人物的脸部线条，其脸部朝向与“现在”女神相反，人物的视线望向未知的地方。

02 绘制出人物头部中心的装饰，两边的鹿角会发生空间变形。

03 绘制出金饰的其他部分，环状的金饰由于空间关系会发生形变。

04 绘制出人物头顶的发髻，环状的编发和金饰能增添发型的耐看度。

05 绘制出人物服饰的外轮廓线条。

06 补充手部的线条，手掌的姿势可以多参考现实手势进行绘制。

07 绘制出人物胸部的金饰花纹，宝石的间隔要保持一致。

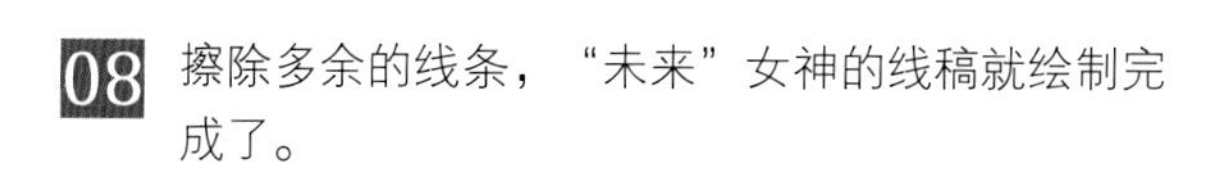

08 擦除多余的线条，“未来”女神的线稿就绘制完成了。

7.2.4 画面背景线稿的绘制

在绘制较复杂的建筑外形时，可以先将外轮廓简化成基本型再进行细化绘制，这样能节省绘制时间。

01 选择椭圆工具，创建 3 个椭圆形。

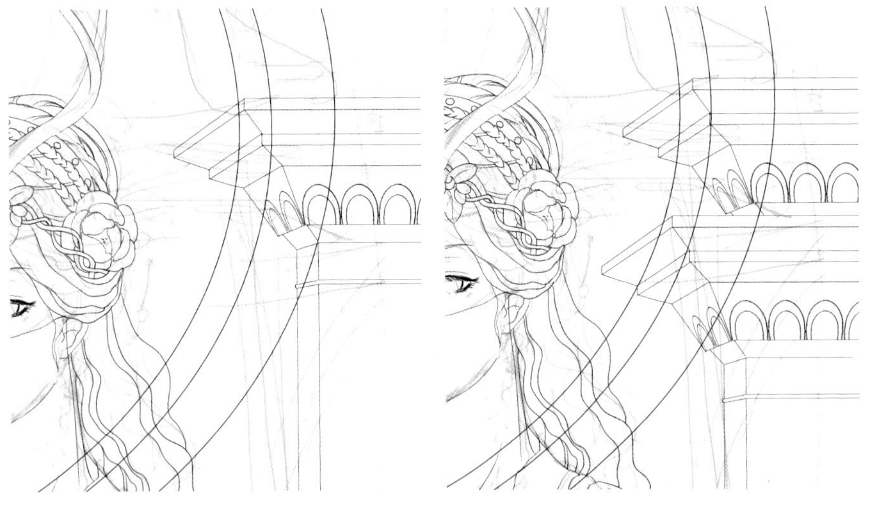

02 绘制出单层罗马石柱的花纹，石柱的透视感要表现准确。

03 通过复制粘贴的方法得到另一层的石柱线条。

04 通过复制粘贴的方法得到另一边的石柱花纹，然后擦除多余的画面线条，背景线稿就绘制完成了。

05 整理画面，删除草稿线条，这张原画的线稿就绘制完成了。

7.3 用颜色搭配出古典感

由于这个厚画的主题取材于西方神话故事，所以要绘制出古典的画面感，整体配色偏灰，三位女神中的长姐选取蓝紫色调表现“过去”；二姐选择肉粉色调表现“现在”；小妹选择绿灰色调表现“未来”；整体饰品以金饰为主，罗马石柱用黄灰色，背景颜色用浅蓝色表现空间纵深感。在确定了大致的配色方案之后就可以分图层绘制画面底色了。

命运女神颜色表

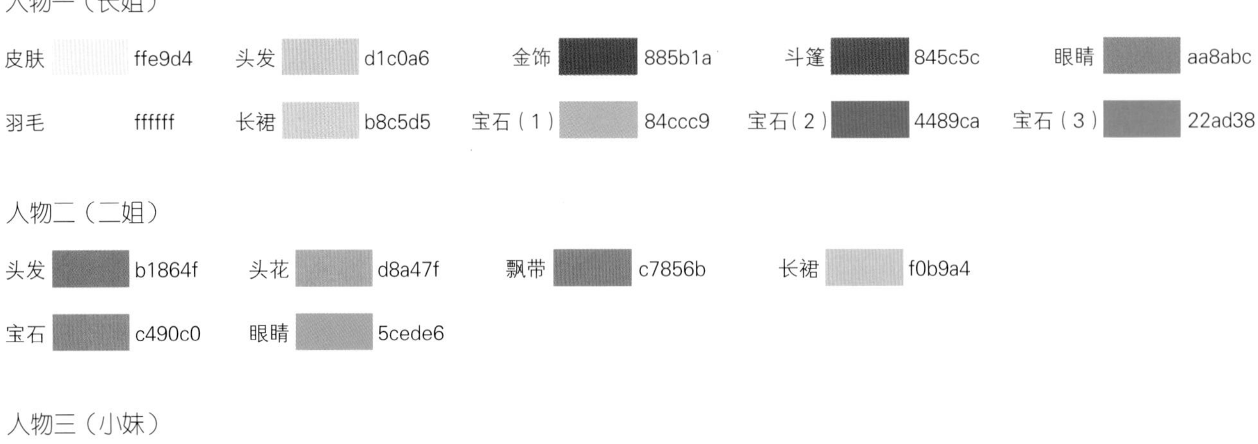

人物一（长姐）

皮肤	ffe9d4	头发	d1c0a6	金饰	885b1a	斗篷	845c5c	眼睛	aa8abc
羽毛	ffffff	长裙	b8c5d5	宝石（1）	84ccc9	宝石（2）	4489ca	宝石（3）	22ad38

人物二（二姐）

头发	b1864f	头花	d8a47f	飘带	c7856b	长裙	f0b9a4
宝石	c490c0	眼睛	5cede6				

人物三（小妹）

头发	e7deb5	眼睛	8c98cc	长裙	5b7a7d	飘带	d5c8bf	剪刀	d3fffd
石柱	c8bb99	天空	e4faf8	宝石（1）	5f52a1	宝石（2）	b7974a		

7.4 “过去”女神的初步绘制

“过去”女神手中的纺锤是有光效的，所以对周围的物体会产生光线的影响，对手掌的影响尤其明显。

7.4.1 使用柔边画笔绘制皮肤

女性的皮肤比较白皙，整体颜色偏粉色，纺锤的光线对皮肤的影响要表现出来。

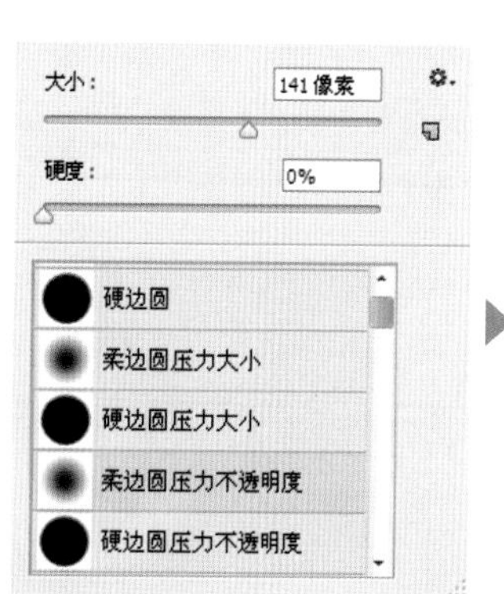

01 选择“柔边圆压力不透明度”画笔，用浅黄色区分出大致的明暗面。

02 用浅粉色加深皮肤的暗面，增添皮肤的颜色层次。

03 选择浅棕色绘制出皮肤的明暗交界线，脖子底部的颜色要加重。

04 选择浅黄色点缀出皮肤的受光面，手掌的光感要表现出来。

提示

皮肤的颜色可以层层叠加，这样颜色的过渡更加自然。

05 用深色初步表现出脸部五官的结构。

06 细化五官的结构，眼尾和脖子底面的颜色要加深。

07 绘制出手掌的明暗交界线，区分出手指的空间感。

提示

手指的空间感可以通过指节的颜色来绘制，绘制出的手指都有明暗交界线就能区分出手指的形体了。

7.4.2 五官的初步塑造

人物的眼睛是往下看着纺锤的，眼神比较淡漠，在绘制的时候要表现出这种感觉。

01 选择“硬边圆压力不透明度”画笔，用浅紫色绘制出瞳孔和上眼皮在眼球上的投影。

02 将画笔模式设置为“线性光”，加深瞳孔的色彩。

03 选择浅色点缀出眼球的亮光。

04 将画笔的直径调小，用浅白色点缀出闪光感，并在上眼皮的投影处绘制蓝灰色的反光。

05 选择灰色绘制出眼白。

06 将画笔的直径设置为 3 像素，用深棕色勾勒出眼线和睫毛。

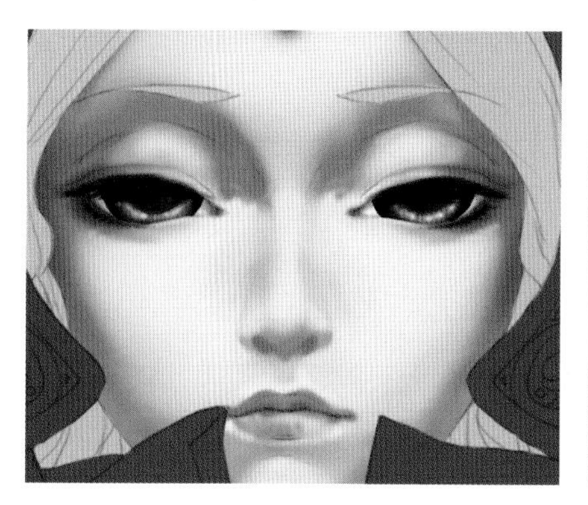

07 用肉粉色绘制出鼻底的颜色，注意鼻孔的颜色要偏红一点。

08 选择浅蓝灰色绘制出鼻子的反光，增添鼻子的体积感。

09 用粉灰色绘制出嘴唇的底色，这种颜色的嘴唇显得人更加沉静。

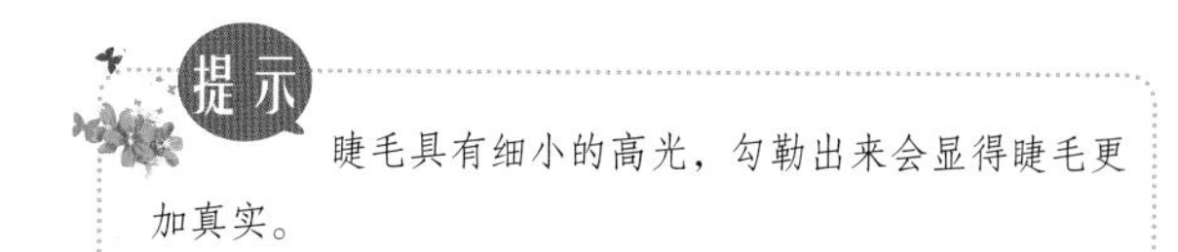

提示

睫毛具有细小的高光，勾勒出来会显得睫毛更加真实。

10 用深一层的颜色勾勒出嘴缝线的阴影，再用浅色点缀出下嘴唇的受光面。

7.4.3 长卷发的绘制

人物的长卷发十分蓬松，在绘制的时候要表现出这种感觉，对弯曲卷发的层次感要表现清楚。

01 选择“柔边圆压力不透明度”画笔，用浅棕色绘制出头发的暗面。

02 选择“硬边圆压力不透明度”画笔，用深棕色绘制出头发的转折感。

03 用更深一层的颜色加深左边头发的具体阴影。

提示

在绘制头发时将头发想象成布料绘制出具体阴影，这样能把握好整体的空间和明暗。

04 用同样的方法绘制右边头发的阴影。

7.4.4 蓝色长袍的明暗绘制

蓝色长袍的阴影都是蓝紫色系的，在绘制布料时颜色不可太杂乱，选择相近的色系能表现出长袍的颜色倾向。

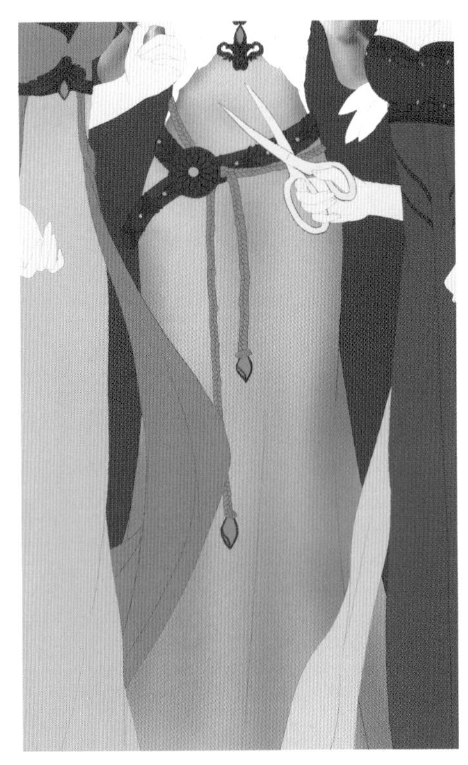

01 选择“柔边圆压力不透明度”画笔，用偏红的紫色绘制裙子的下摆，增添画面的纵深感。

02 将画笔的直径调小，选择蓝灰色绘制出裙子的暗面。

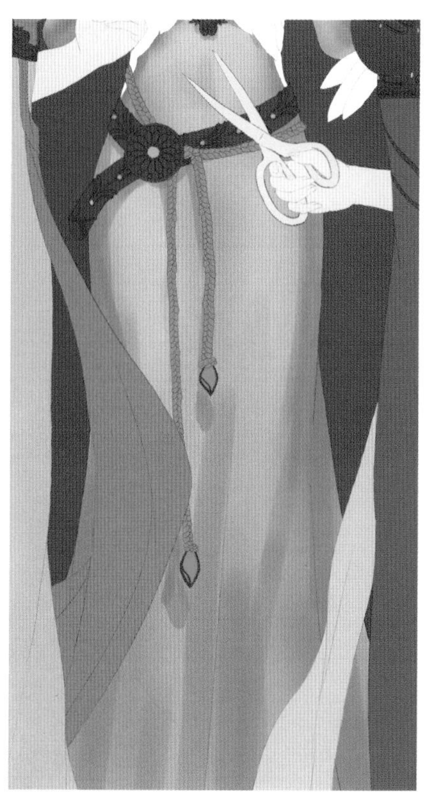

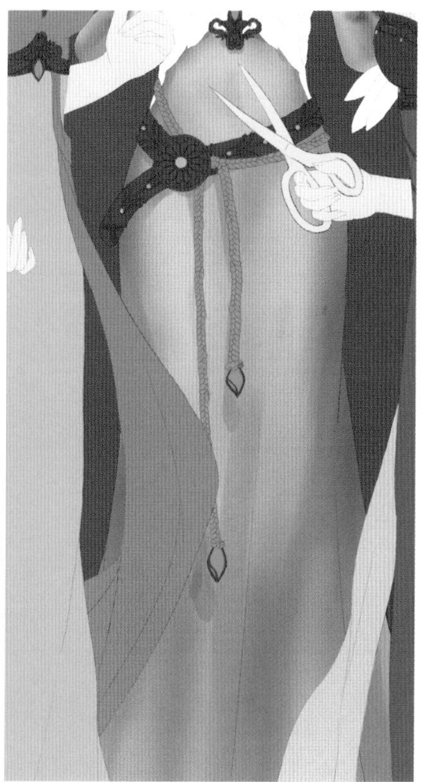

03 选择“硬边圆压力不透明度”画笔，用更深一层的颜色绘制出裙摆的明暗交界线和布料的褶皱。

04 降低画笔的不透明度，修饰所绘制裙摆的颜色。

05 选择“柔边圆压力不透明度”画笔，用浅蓝色绘制出羽毛的大致明暗。

06 用更深一层的颜色绘制出羽毛的明暗交界线。

07 修饰所绘制羽毛的颜色，羽毛是比较贴身的，在绘制时要表现出胸腔和肋骨的转折感。

08 将画笔的直径调小，绘制出层叠羽毛之间的阴影。

09 选择“柔边圆压力不透明度”画笔，绘制出披风的明暗层次。

10 用更深一层的颜色绘制出披风的褶皱感。

11 降低画笔的不透明度，用浅蓝灰色绘制出披风的反光效果。

7.4.5 饰品的材质表现

人物的饰品选择金饰镶嵌宝石制作，大面积的金饰使得人物的性格更显沉稳。注意，金饰的明暗要根据所依附形体进行绘制。

01 选择“柔边圆压力不透明度”画笔，用棕色绘制出金饰的大致明暗。

02 用更深一层的颜色绘制出金饰的明暗交界线。

03 选择“硬边圆压力不透明度”画笔，绘制出花纹间的阴影。

04 选择“柔边圆压力不透明度”画笔，降低画笔的不透明度，修饰所绘制金饰的明暗层次。

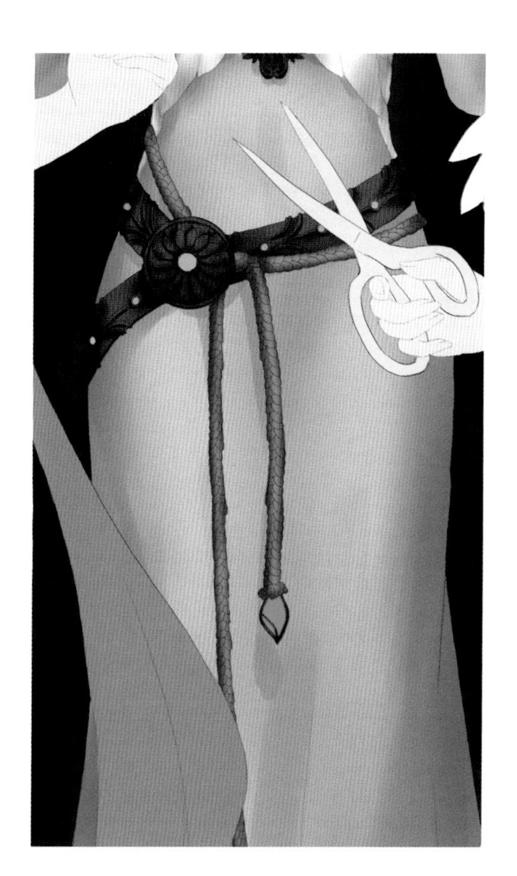

05 用同样的方法绘制腰部装饰，腰带的体积感要表现出来。

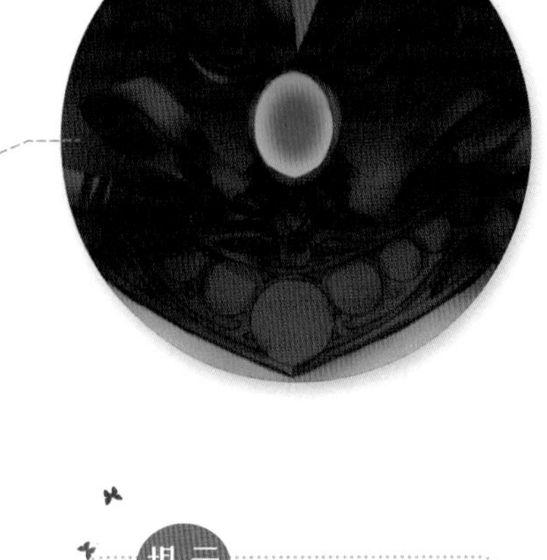

提示

金饰的各部分颜色区别比较大，所以在绘制颜色时色彩明度的跨度也比较大。

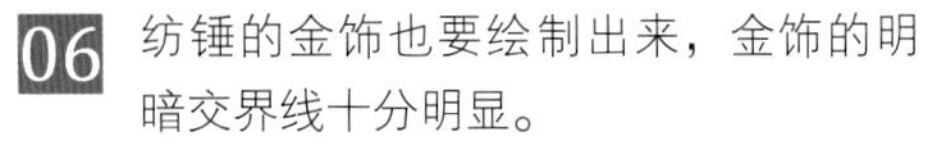

06 纺锤的金饰也要绘制出来，金饰的明暗交界线十分明显。

07 选择“柔边圆压力不透明度”画笔，将画笔模式设置为“线性光”，绘制出宝石的暗面色彩。

08 选择浅蓝色绘制出纺线的明暗交界线。

09 用蓝紫灰色加深纺线的暗面色彩，再用其他颜色丰富纺线的色彩。

7.5 “现在”女神的初步绘制

“现在”女神飞扬的飘带对整个画面空间起到暗示作用，头上绢花的层次感要表现清楚。

7.5.1 皮肤的初步塑造

女子的锁骨和胸锁乳突肌不如男子的明显，但结构感也要绘制出来。另外，手掌的空间感要表现准确。

01 选择“柔边圆压力不透明度”画笔，用浅色区分出整体的明暗关系。

02 选择肉色加深皮肤的暗面。

03 用深色加深皮肤的明暗交界线。皮肤的暗面选择偏紫的暖色。

04 修饰所绘制皮肤的颜色，初步绘制出人体的结构感。

05 细化人物的五官，加深五官的暗面色彩。

7.5.2 眼神和视线的表现

“现在”女神代表活力，性格温婉，在绘制五官时要体现出其温婉、随和的人物气质，微笑的嘴唇也要绘制出来。

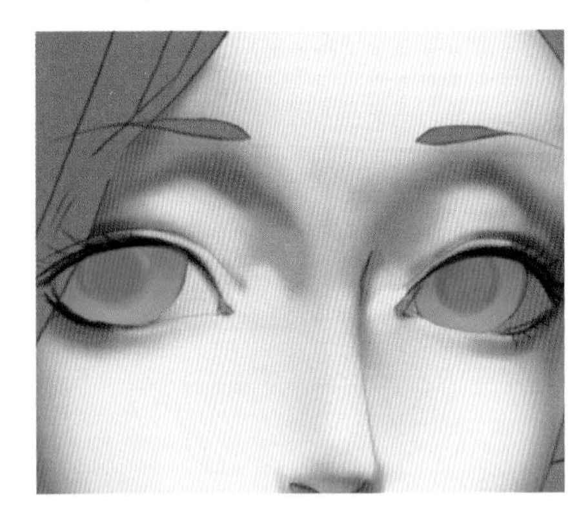

01 选择“硬边圆压力不透明度”画笔，用浅蓝色绘制出瞳孔和上眼皮的投影。

02 将画笔模式设置为“线性光”，选择深色加深瞳孔的阴影。

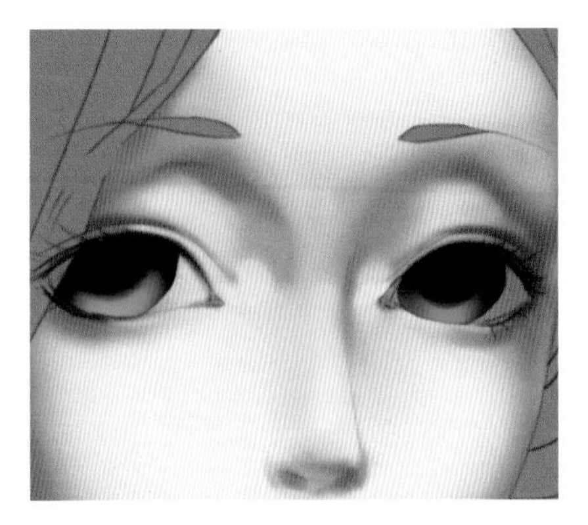

03 绘制出瞳孔的反光色彩，在上眼皮的阴影处绘制紫红色的反光。

04 选择浅蓝色点缀出瞳孔的亮面。

05 绘制出眼白的明暗，眼白的色彩可以选择偏暖的灰色。

06 塑造出鼻子大致的体积感，鼻头上要绘制偏粉的颜色。

07 选择浅白色点缀出鼻头的高光色。

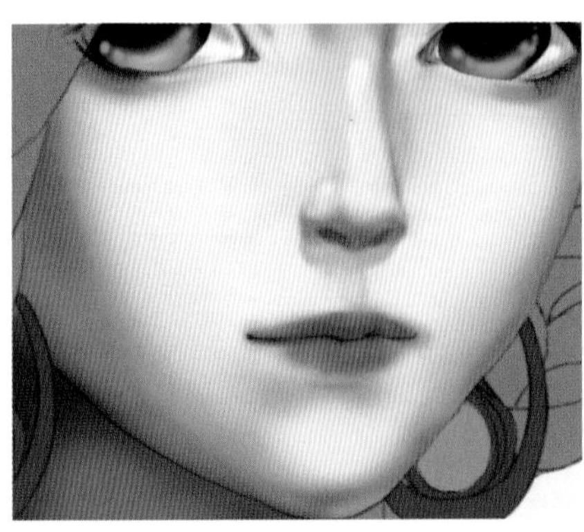

08 选择“柔边圆压力不透明度”画笔，用浅橘色绘制出嘴唇的底色。

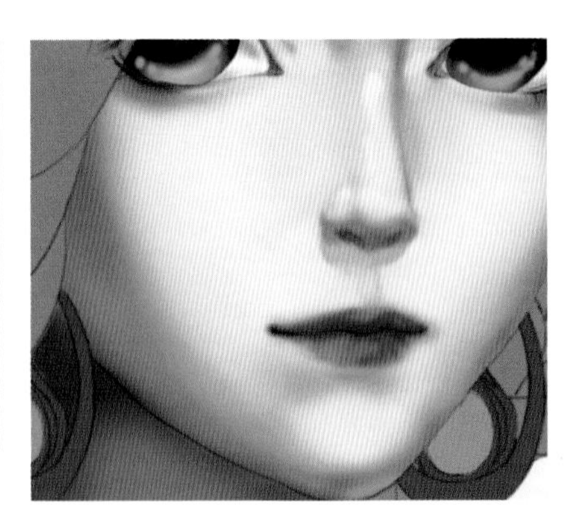

09 用深色勾勒出嘴唇的唇缝线，再用浅色点缀出嘴唇的受光面。

10 修饰脸部色彩，使脸部的体积感更明显。

7.5.3 盘起卷发的绘制

人物的长发是盘在头上形成的发髻，在绘制发髻时要根据头骨的转折进行明暗的绘制，头发的前后空间感要表现出来。

01 选择“柔边圆压力不透明度”画笔，用棕色绘制出头发的暗面色彩。

02 选择更深一层的色彩加深头发的明暗交界线。

03 选择“硬边圆压力不透明度”画笔绘制出头发的具体阴影。

提示

在绘制头发时要理清发髻的穿插遮挡关系。另外，头发的盘起方法不同，所产生的阴影效果也不一样。

7.5.4 粉色长袍和飘带的绘制

在绘制衣服时需要全面考虑衣服的空间感。由于人物飘带的空间表现比较复杂，要考虑整体的空间感。

01 选择“柔边圆压力不透明度”画笔，用粉色绘制出衣服大致的暗面。

02 用深一层的颜色绘制出衣服的明暗交界线。

03 选择“硬边圆压力不透明度”画笔修饰所绘制衣服的颜色，初步绘制出布料的褶皱感。

04 用“柔边圆压力不透明度”画笔绘制出飘带的暗面色彩。

05 选择“硬边圆压力不透明度”画笔修饰飘带的颜色层次。

7.5.5 不同材质饰品的绘制

人物的饰品分为绢花、羽毛、金饰、宝石 4 种，用不同的绘制方法初步塑造人物的饰品。

01 选择“柔边圆压力不透明度”画笔绘制出绢花的渐变底色。

02 用深色绘制出绢花的暗面色彩。

03 选择“硬边圆压力不透明度”画笔点缀出花瓣间的暗色。

04 用吸色涂抹的办法细化花瓣的结构。

05 用浅绿灰色绘制出羽毛的暗面色彩。

06 将画笔的直径调小，用更深一层的颜色绘制出羽毛根部的色彩。

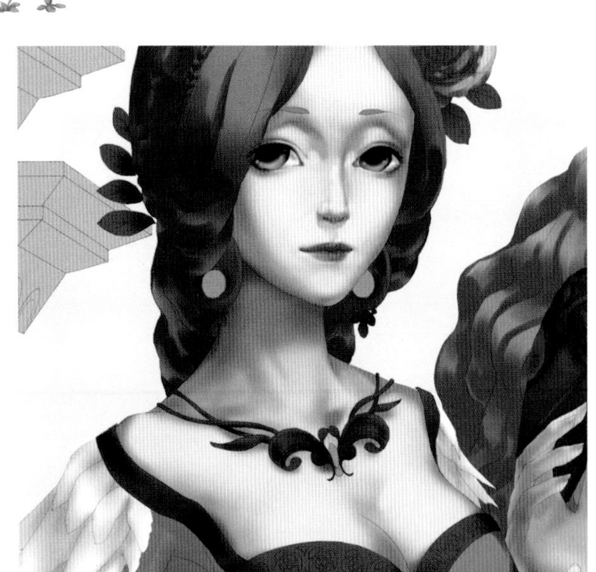

07 选择“柔边圆压力不透明度”画笔绘制出金饰的暗面色彩。

08 选择“硬边圆压力不透明度”画笔绘制出金饰的花纹暗色。

09 选择“柔边圆压力不透明度”画笔，用深色绘制出宝石的暗面色彩。

10 加深宝石的暗色，使宝石的颜色更加丰富。

7.6 “未来”女神的初步绘制

“未来”女神的袍子是墨绿色的，颜色不要绘制得太沉重，脸上的面纱要表现出半透明的质感。

7.6.1 皮肤的初步绘制

画面的主光源设定为正面来光的自然散光，所以“未来”女神与“现在”女神的明暗阴影是相反的。

01 选择“柔边圆压力不透明度”画笔绘制出皮肤的阴影分布。

02 用肉色加深皮肤的阴影，区分出大的结构感。

03 选择浅白色绘制出皮肤的亮面色彩，再丰富皮肤的灰面颜色。

提示

古典油画的光线大多为自然光，明暗过渡比较柔和。

04 修饰所绘制皮肤的阴影，初步塑造出人体的结构。

7.6.2 五官的初步塑造

“未来”女神代表着未来和死亡，所以五官应表现出冷漠、淡然的感觉，先绘制出脸部的色彩再叠加脸部的黑纱。

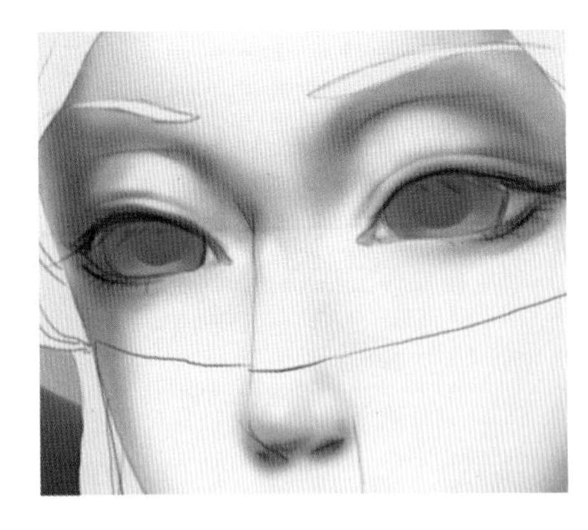

01 选择蓝紫色绘制出瞳孔和上眼皮的投影。

02 选择“柔边圆压力不透明度”画笔，将画笔模式设置为“线性光”，加深眼睛的瞳孔。

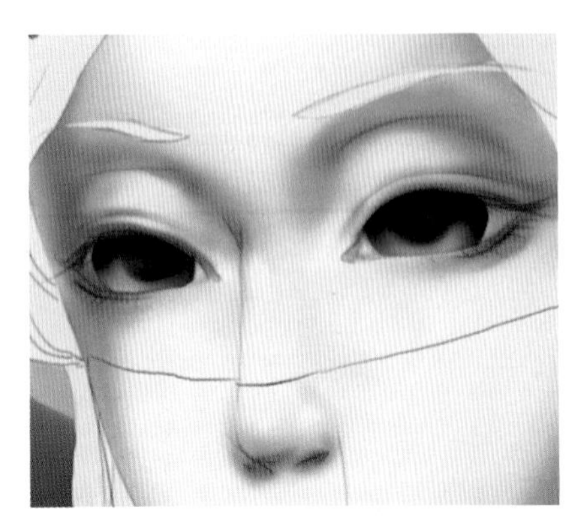

03 降低画笔的不透明度，增添眼睛的亮面色彩。

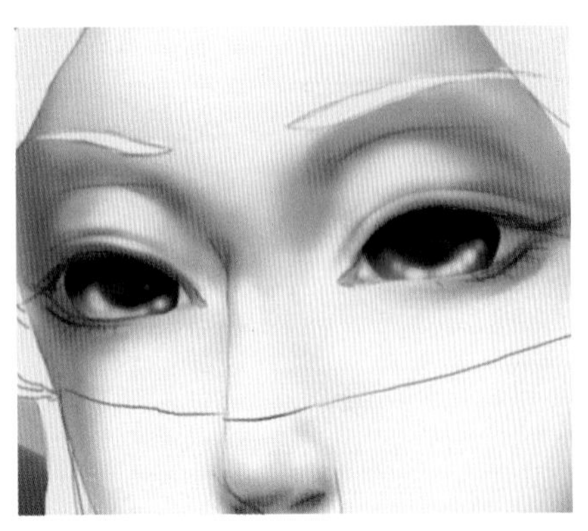

04 用浅色点缀出眼球的亮面颜色。

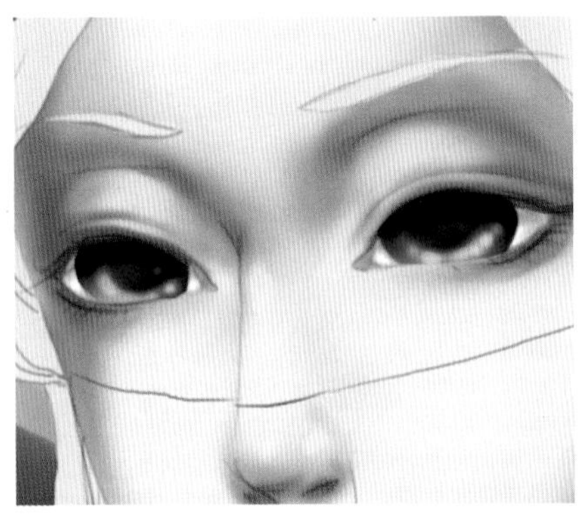

05 用浅蓝灰色绘制出眼白的明暗色彩。

06 选择“硬边圆压力不透明度”画笔，用深棕色绘制出眼线和睫毛。

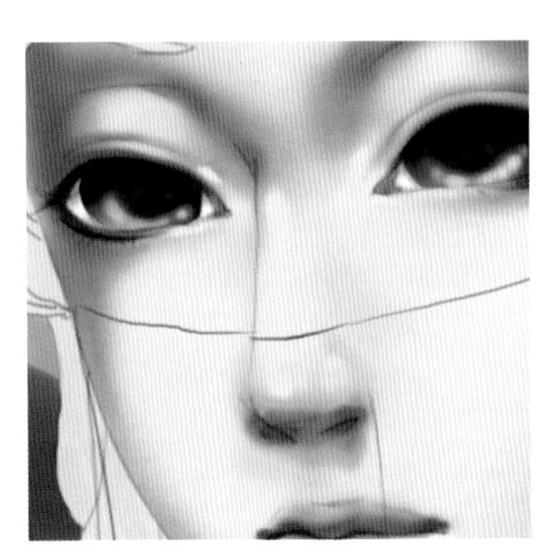

07 初步塑造出鼻子的体积感，用浅白色点缀出鼻头的高光。

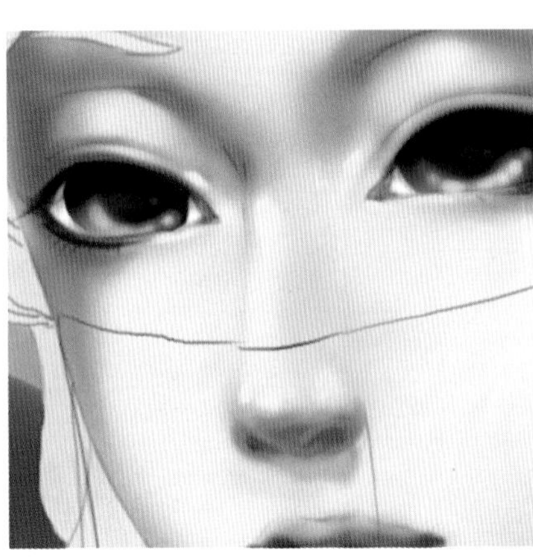

08 降低画笔的不透明度，用浅蓝灰色点缀出鼻子的反光。

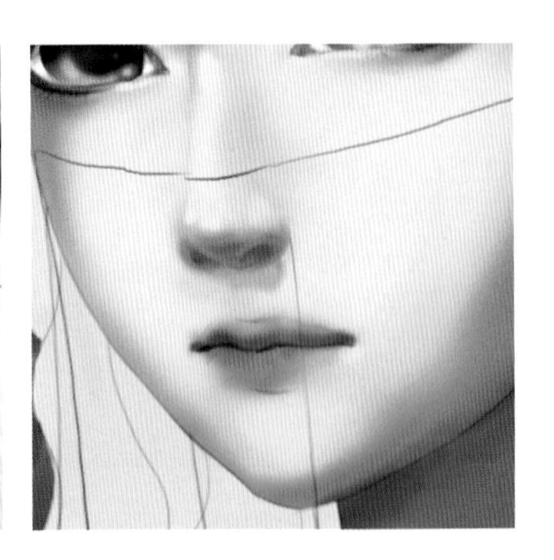

09 选择紫红色绘制出嘴唇的底色。

提示

不同的唇色能表现出不同的人物性格，浅粉色系能表现出活泼可爱的人物性格；深色系能表现出人物沉着稳重的性格。

10 塑造出嘴唇的体积感，在嘴唇的明暗交界线附近增添纯度高的紫红色。

7.6.3 披肩卷发的绘制

人物的头发是前额中分、往后盘绕的发型，围绕着头部的两根辫子能起到丰富造型的作用。在绘制时，对于头发细节的阴影要绘制出来。

01 选择“柔边圆压力不透明度”画笔，用黄色绘制出头发的大致明暗。

02 用深一层的颜色绘制出头发之间的阴影，并加深明暗交界线的颜色。

03 调整所绘制头发的色彩，使头发的空间感更明显。

提示

头发的前后空间感要表现出来，靠后的头发反光色彩更明显。

04 选择“柔边圆压力不透明度”画笔，将画笔模式设置为“叠加”，丰富头发的颜色层次。

7.6.4 墨绿长袍的明暗表现

在绘制深色长袍时不可总是加深暗面，用色彩造型也是不错的选择。墨绿长袍的上半部分是比较贴身的，要根据人体结构绘制明暗的分布。

01 选择“柔边圆压力不透明度”画笔，用深绿色绘制出长袍的大致明暗。

02 将画笔的直径调小，选择偏蓝的暗绿色绘制出长袍的明暗交界线和布料的褶皱。

03 选择“硬边圆压力不透明度”画笔细化袍子的颜色。

04 选择“柔边圆压力不透明度”画笔，将画笔的不透明度调低，修饰长袍的整体明暗。

7.6.5 不同质感饰品的表现

人物的饰品材质包括鹿角、金饰、宝石 3 种，鹿角的古朴感要表现出来，饰品镶嵌的宝石绘制的都是暗色，这样能符合人物的性格。

01 选择“柔边圆压力不透明度”画笔，用棕灰色绘制出鹿角的暗面色彩。

02 用更深一层的颜色绘制出鹿角的明暗交界线。

03 选择浅蓝色绘制出肩膀上羽毛的灰面色彩。

04 用更深一层的颜色绘制出羽毛的阴影。

05 用棕色绘制出金饰的暗面色彩。

06 加深金饰的明暗交界线。

07 选择“硬边圆压力不透明度”画笔，用深色绘制出花纹的阴影。

08 选择“柔边圆压力不透明度”画笔绘制出宝石的暗面色彩。

09 绘制出面纱的色彩，注意面纱的下端颜色更深一些。

10 绘制出剪刀的明暗色彩。

7.7 画面背景的初步细化

背景物体是为了衬托主体物而存在的，明暗对比要比主体物弱，整体颜色偏灰暗。

01 选择“柔边圆压力不透明度”画笔，降低画笔的不透明度，用浅黄色绘制出画面的光感。

02 绘制出石柱的明暗分布，石柱的明暗对比要比主体人物弱。

03 增添背景的颜色，选择蓝灰色和灰绿色绘制背景。

04 修饰所绘制的背景，使颜色的过渡更自然。

7.8 “过去”女神的详细刻画

人物的头饰十分精致，花纹的质感要表现出来，人物双手之间的纺锤的发光的感觉也要表现出来。

7.8.1 细致地刻画皮肤的质感

人物代表的是“过去”，所以皮肤的颜色可以绘制得暗一点，皮肤各个部分的颜色过渡要柔和。

01 选择“柔边圆压力不透明度”画笔修饰所绘制皮肤的颜色，使颜色的过渡更自然。

02 降低画笔的不透明度，选择浅蓝白色绘制皮肤的受光面。

03 选择“硬边圆压力不透明度”画笔，将画笔模式设置为“线性光”，点缀出眼睛的高光。

提示

在绘制皮肤时不可一味地加深或提亮，用颜色造型会使画面更加好看。

04 分层次绘制出眉毛的体积感。

05 塑造出鼻子的体积感，鼻孔选取偏红的暗色。

06 塑造出嘴唇的体积感，绘制出唇峰的转折结构。

07 选择“柔边圆压力不透明度”画笔，增添手掌的颜色层次。

08 塑造出画面右边的手掌的体积感，纺锤的光感对手掌的影响要表现出来。

09 用同样的方法绘制另一边的手掌。

7.8.2 蓬松卷发的质感表现

蓬松的卷发层次比较丰富，在绘制的时候可以用小笔触表现出长卷发相互穿插的感觉。

01 选择“柔边圆压力不透明度”画笔，将画笔模式设置为“叠加”，丰富头发的颜色层次。

02 选择“硬边圆压力不透明度”画笔，为头发绘制出笔触感。

03 将画笔的直径缩小，用小笔触细化头发的质感。

04 增添头发的反光色，勾勒出散落开的细碎发丝，蓬松的卷发就绘制完成了。

7.8.3 不同材质服饰的刻画

人物的服装有柔软布料、厚重布料、羽毛 3 种材质，在绘制的时候要用不同的方法表现出材质感。

01 选择“柔边圆压力不透明度”画笔，将画笔模式设置为“叠加”，用暗色加深羽毛的明暗交界线。

02 选择“硬边圆压力不透明度”画笔，绘制出羽毛颜色的层次感。

03 将画笔的直径调小，塑造出羽毛的质感。

04 选择“柔边圆压力不透明度”画笔，加深长裙的明暗交界线。

05 修饰裙摆的布料褶皱，绘制上亮面色彩。

06 增添细小的布料褶皱，丰富长裙的体积感。

07 修饰披风的颜色层次。

08 塑造出披风的布料褶皱，增添画面的体积感。

09 选择“硬边圆压力不透明度”画笔，绘制出腰部绳子的暗面色彩。

10 点缀出绳子的亮面颜色。

提示

绳子的明暗不仅受编织结构影响，还受人物的腰部结构影响。

7.8.4 饰品的质感塑造

金饰的质感塑造尤为重要，在绘制时要把握好花纹的体积刻画与画面整体空间的关系，饰品上镶嵌的宝石可以绘制得闪亮一些。

01 选择“柔边圆压力不透明度”画笔，将画笔模式设置为“叠加”，加深金饰的明暗交界线。

02 选择“硬边圆压力不透明度”画笔，加深花纹的阴影。

03 选择“柔边圆压力不透明度”画笔，增添金饰颜色的层次感。

04 将画笔模式设置为“线性光”，绘制出金饰的亮光。

05 用浅黄色点缀出金饰的高光，丰富金饰的体积感。

提示

花纹深度大，花纹间的明暗对比强烈；花纹深度浅，花纹间的明暗对比柔和。花纹的明暗程度变化都是相对而言的。

06 选择“柔边圆压力不透明度”画笔，将画笔模式设置为“线性光”，丰富宝石的底色。

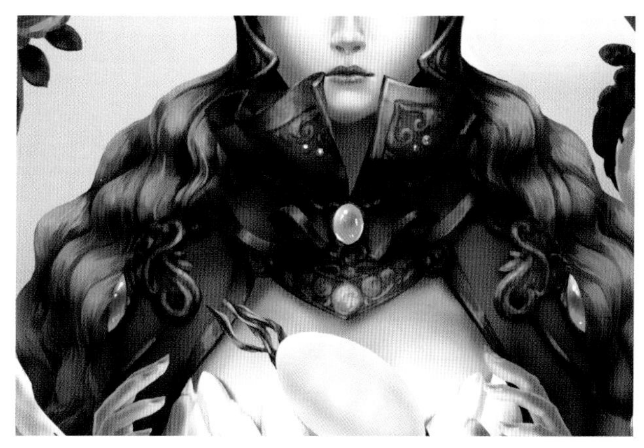

07 点缀出宝石的高光，增强宝石的体积感。

08 选择“硬边圆压力不透明度”画笔，绘制出纺锤的线条感。

09 选择“柔边圆压力不透明度”画笔，将画笔模式设置为“线性光”，点缀出纺锤的光感。

7.9 “现在”女神的详细刻画

人物头上的绢花要绘制出层叠的花瓣感。同时，布料的转折比较复杂，要理清布料的纹理和层次感。

7.9.1 温婉神态的详细刻画

“现在”女神代表的是活力，人物性格比较温婉，所以五官要表现出温柔的感觉，用色也可以明快、鲜艳一点。

01 选择“柔边圆压力不透明度”画笔，将画笔模式设置为“叠加”，增添皮肤的颜色层次。

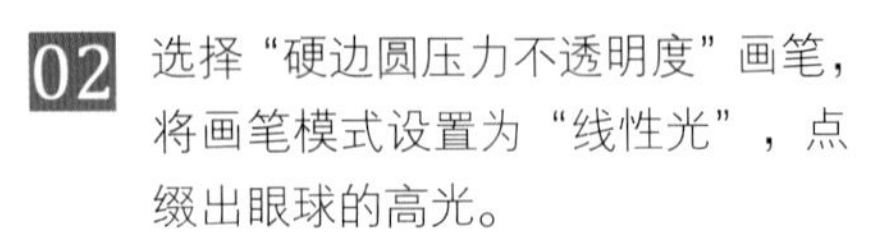

02 选择“硬边圆压力不透明度”画笔，将画笔模式设置为“线性光”，点缀出眼球的高光。

03 塑造出鼻子的体积感，用浅蓝白色点缀出鼻子的高光。

04 修饰锁骨和胸部的皮肤颜色。

提示

古典画面中的金饰可以绘制得灰暗一点，明暗交界线附近的颜色纯度要高一些。

05 绘制出手臂的体积感，人物的左手会受纺锤光线的影响，所以在手背上要增添浅蓝白色的光感。

06 选择“柔边圆压力不透明度”画笔，将画笔模式设置为“叠加”，加深头发的明暗交界线。

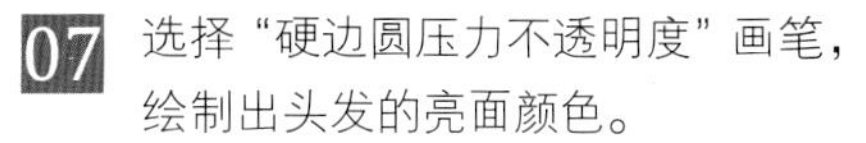

07 选择“硬边圆压力不透明度”画笔，绘制出头发的亮面颜色。

08 将画笔的直径调小，勾勒出头发的质感。

09 调整头发的整体颜色，勾勒出细碎的发丝，这样头发部分就绘制完成了。

7.9.2 服饰的材质表现

长裙的褶皱要根据人体的结构进行绘制，裙摆的褶皱可以绘制得细密一点。

01 锁定飘带颜色图层的不透明度，绘制出飘带的褶皱。

02 用同样的方法绘制长裙的褶皱。

03 选择“硬边圆压力不透明度”画笔塑造出绢花的体积感。

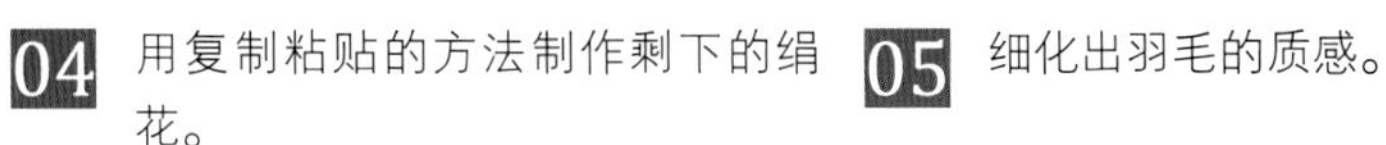

04 用复制粘贴的方法制作剩下的绢花。

05 细化出羽毛的质感。

06 选择“柔边圆压力不透明度”画笔，将画笔模式设置为“叠加”，增添金饰的体积感。

07 选择“硬边圆压力不透明度”画笔，加深金饰的暗面颜色。

08 将画笔模式设置为“线性光”，绘制出金饰的亮面色彩。

提示

宝石的材质大多为半透明的，容易受到环境色的影响，在绘制底色时用色可以丰富一些。

09 选择“柔边圆压力不透明度”画笔，将画笔模式设置为“线性光”，增添宝石的底色层次。

10 选择“硬边圆压力不透明度”画笔绘制出宝石的高光。

7.10 “未来”女神的详细刻画

人物头顶的饰品要表现出画面空间感，为黑色的面纱增添纹理质感会更加好看。

7.10.1 淡漠神态的刻画

由于人物代表的是未来和死亡，性格比较阴沉，用色可以偏暗一点，嘴唇选择紫红色。

01 选择“柔边圆压力不透明度”画笔，将画笔模式设置为“叠加”，修饰皮肤的颜色层次。

02 选择“硬边圆压力不透明度”画笔，将画笔模式设置为“线性光”，绘制出眼球的光感。

03 细化身体的皮肤。

04 选择“硬边圆压力不透明度”画笔绘制出头发的颜色层次。

05 调小画笔的直径，绘制出头发蓬松的质感。

7.10.2 服饰材质的刻画

墨绿色的长裙通过颜色造型更能表现出空间感，人物手中的道具绘制出大致结构就可以了。

01 选择“柔边圆压力不透明度”画笔绘制出裙子的褶皱。

02 用同样的方法绘制出飘带的褶皱。

03 绘制出鹿角的质感，鹿角的尖端固有色可以绘制得深一点。

04 选择“硬边圆压力不透明度”画笔塑造出羽毛的质感。

05 选择“大涂抹炭笔”绘制出面纱的纹理。

06 选择“柔边圆压力不透明度”画笔，将画笔模式设置为“叠加”，提亮金饰的受光面。

07 将画笔模式设置为“线性光”，绘制出金饰的受光面。

08 绘制出宝石的质感。

提示

薄纱材质可以通过叠加、擦除、调整透明度的方法绘制出半透明的质感。

7.11 画面背景的刻画

画面背景能起到衬托主体、加强画面空间感的效果，画面背景物体的明暗对比要比主体物体的明暗对比弱。

01 细化画面中右边的罗马石柱。

02 用复制粘贴的方法得到左边的罗马石柱。

03 丰富背景和天空的颜色层次。

04 绘制出背景的泉水，再点缀出飞溅的水花。

05 选择“硬边圆压力不透明度”画笔绘制出点缀的树干。

06 绘制出树叶，树叶的颜色可以选择灰绿色。

提示

背景物体的颜色可以选择的偏灰暗一些，这样更能衬托出主体物的鲜亮。

7.12 画面氛围的渲染

调整画面氛围能使画面的整体效果更加突出，光效的添加和细节的丰富都是渲染画面氛围的常用手法。

01 绘制出散开的细小线条，并增添线条的光感。

02 在画面中点缀出柔和的细小光点。

03 增添背景的水花感觉。

04 选择渐变工具压暗画面四周，使画面的效果更加突出。

05 将画面进行细微调整，这张原画就绘制完成了。